# 龟鳖饲料
# 合理配制与科学投喂

编著者
赵春光　田文瑞　黄利权

金 盾 出 版 社

## 内 容 提 要

本书由长期从事龟鳖科研、养殖以及龟鳖饲料制作的专家编著。内容包括：龟鳖饲料的营养要素与配制原料，龟鳖饲料的种类、特点与配制原则，龟鳖常用动物性饲料的人工养殖，鳖饲料的合理配制与科学投喂，龟饲料的合理配制与科学投喂。本书系统地介绍了目前关于龟鳖饲料配制和投喂的新技术、新成果和新观点，语言通俗易懂，内容丰富全面，技术可操作性强，适合广大龟鳖养殖户、龟鳖饲料加工企业的技术人员以及农业院校相关专业师生阅读参考。

**图书在版编目(CIP)数据**

龟鳖饲料合理配制与科学投喂/赵春光，田文瑞，黄利权编著．—北京：金盾出版社，2009.6(2015.8 重印)
ISBN 978-7-5082-5681-8

Ⅰ.①龟… Ⅱ.①赵…②田…③黄… Ⅲ.①龟科—配合饲料②鳖—配合饲料③龟科—饲喂方法④鳖—饲喂方法
Ⅳ.①S966.53.7

中国版本图书馆 CIP 数据核字(2009)第 051809 号

**金盾出版社出版、总发行**
北京太平路 5 号(地铁万寿路站往南)
邮政编码：100036 电话：68214039 83219215
传真：68276683 网址：www.jdcbs.cn
封面印刷：北京金盾印刷厂
正文印刷：北京军迪印刷有限责任公司
装订：北京军迪印刷有限责任公司
各地新华书店经销

开本：787×1092 1/32 印张：4.125 字数：87 千字
2015 年 8 月第 1 版第 13 次印刷
印数：167 001～170 000 册 定价：7.00 元

# 前　　言

龟鳖养殖是我国改革开放后顺应市场需求快速发展起来的特种养殖业。龟鳖不但是我国传统的美食补品，还具有文化价值、观赏价值和研究价值，所以养殖的人已越来越多。

龟鳖饲料是龟鳖健康养殖的重要因素之一。如何合理配制和科学投喂龟鳖饲料，不但会直接影响龟鳖的养殖产量，而且会影响龟鳖产品的质量和养殖经济效益。特别是随着龟鳖饲料的主要蛋白质原料——鱼粉资源的日益匮乏和价格暴涨，饲料已成为养殖者最关注的生产资料。本书是笔者多年从事龟鳖科研养殖和饲料配制的实践总结，其中第一章介绍龟鳖饲料的营养要素与配制原料，第二章介绍龟鳖饲料的种类、特点与配制原则，第三章介绍龟鳖常用动物性饲料的人工养殖技术，第四、第五章介绍龟和鳖饲料的合理配制与科学投喂。希望本书能给龟鳖饲料加工企业和广大龟鳖养殖户在实际应用中提供帮助和参考。

由于笔者水平有限，错误、遗漏之处在所难免，敬请广大读者批评指正。

编著者

2009 年 2 月

# 目　录

# 第一章　龟鳖饲料的营养要素与配制原料

## 第一节　龟鳖饲料的营养要素

### 一、蛋　白　质

**(一)蛋白质的分类**　蛋白质是一种结构复杂、种类繁多的生物大分子。在其他学科，蛋白质一般分为两大类，即单纯蛋白质和结合蛋白质。而作为龟鳖饲料，为了更贴近养殖者对饲料蛋白质的了解，我们根据饲料原料的特殊性把它们分为动物性蛋白质、植物性蛋白质和人工合成蛋白质 3 类。

**1. 动物性蛋白质**　是指来源于动物的蛋白质。动物性蛋白质饲料包括鱼粉、奶粉、血粉和一些直接投喂的动物性鲜活饲料。动物性蛋白质的特点是龟鳖利用率高，适口性好，龟鳖摄食后生长快、质量好。

**2. 植物性蛋白质**　是指来源于植物的蛋白质。植物性蛋白质饲料包括大豆、花生、油菜的饼粕和一些经过加工的粮食等。与动物性蛋白质相比，植物性蛋白质无论是利用率和适口性都较差。但因植物性蛋白质中蛋氨酸的含量比较高，而赖氨酸含量却比动物性蛋白质低，所以植物性蛋白质在龟鳖饲料的配比中可起到平衡氨基酸和营养互补的作用。

**3. 人工合成蛋白质**　如植物酶解蛋白、酪蛋白、酵母等。这些蛋白质的特点是价格相对比动物性蛋白质便宜，但适口性差，所以配比比例较小。

**（二）蛋白质对龟鳖机体的作用**　蛋白质对合成龟鳖机体的肌肉，促进其生长起着关键性的作用，而且还是组成龟鳖机体各种器官的重要物质，可促进激素、酶等发挥其特殊的生物学功能。此外，蛋白质还是体组织更新、修复和维持以及能量贮存、消耗的重要物质。

**（三）蛋白质的质量评价**　蛋白质是由氨基酸组成的，所以蛋白质的质量优劣，主要看蛋白质中氨基酸的平衡性和蛋白质的利用效率。

**1. 氨基酸的平衡性**　蛋白质的质量优劣主要是评价其氨基酸的结构与平衡，特别是必需氨基酸的指标。而对养殖动物来说，饲料蛋白质的氨基酸结构和平衡性最好能接近养殖动物机体蛋白质氨基酸的结构，这样对养殖动物摄入饲料蛋白质的利用率和生长有着十分重要的意义。龟鳖是高蛋白质机体结构和高蛋白质需求动物，所以蛋白质中的氨基酸平衡性对龟鳖的生长发育十分重要。

**2. 蛋白质的利用效率**　评价蛋白质品质的另一个指标是蛋白质的利用率。如在龟鳖养殖中，龟鳖对不经过处理的植物性蛋白质的利用率较低，而经过处理后则利用率大大提高，也促进了龟鳖的生长（大豆经过膨化后的利用率是膨化前的数倍）。由此可见，评价蛋白质的质量，与养殖动物对蛋白质的利用率关系十分密切。

## 二、脂　肪

脂肪是龟鳖机体的重要能量源。龟鳖虽是高蛋白质含量动物，对脂肪的要求并不高。但脂肪在龟鳖的生命活动中却起到很重要的营养作用，饲料中如缺乏龟鳖所需要的脂肪，就会对龟鳖的生长产生很大的负面影响。

**(一)脂肪的种类** 脂肪是脂肪酸和甘油形成的脂类化合物。由于脂肪的性质是由脂肪酸决定的,所以龟鳖吸收脂肪的主要成分也是脂肪酸。脂肪酸主要有两种,一种是饱和脂肪酸,另一种是不饱和脂肪酸。

**1. 饱和脂肪酸** 其特点是脂肪酸碳链上没有不饱和键。饱和脂肪酸的种类很多,如月桂酸、豆蔻酸、硬脂酸、软脂酸、花生酸等。由饱和脂肪酸组成的脂肪一般熔点高,在常温下为固态。一般陆生动物如牛、羊、猪等的体脂肪所含的饱和脂肪酸比例高于水生动物和植物油。

**2. 不饱和脂肪酸** 不饱和脂肪酸有不饱和键,其中有2个以上不饱和键的为高度不饱和脂肪酸。不饱和脂肪酸包括棕榈油酸、油酸、亚油酸、亚麻酸、花生四烯酸、花生五烯酸、二十二碳五烯酸、二十二碳六烯酸等。由不饱和脂肪酸组成的脂肪一般熔点低,常温下多为液态,如深海鱼油和植物油等。不饱和脂肪酸对龟鳖的养殖和养成的商品质量有着十分重要的意义。

**(二)脂肪对龟鳖机体的作用**

**1. 提供龟鳖生长所需的能量** 脂肪是龟鳖生长所需能量的主要来源。龟鳖在体内氧化1克脂肪可产生37.66千焦生理热能,相当于蛋白质和碳水化合物的2.25倍。有些高度不饱和脂肪酸是龟鳖自身不能合成的,所以必须从外界获得,如亚油酸等。

**2. 与蛋白质共同构成龟鳖机体组织** 龟鳖机体许多组织的合成必须有脂肪参加,脂肪还对体内大多数器官和神经组织起到保护和固定作用,以避免机械摩擦并能承受一定的压力。

**3. 是脂溶性维生素的主要溶剂** 脂肪是维生素A、维生素D、维生素E、维生素K等脂溶性维生素的主要溶剂，龟鳖如摄入不到足量的脂肪就会影响其对脂溶性维生素的吸收和利用，就会因维生素缺乏而致病。此外，脂肪中的胆固醇还是合成龟鳖性激素的重要物质。

**4. 可提高蛋白质的利用率** 龟鳖对脂肪有较高的利用率，其对粗脂肪的消化率高达80%以上。当龟鳖体内缺乏脂肪时，就会大量消耗蛋白质作为能量，使龟鳖逐步消瘦甚至死亡，这种现象在龟鳖的越冬期最为明显。所以，脂肪可起到提高蛋白质利用率，保证龟鳖健康生长的作用。

## 三、碳水化合物

虽然龟鳖对碳水化合物的需求与利用都不是太高，但作为龟鳖生长中能量的补充，碳水化合物也自然成为龟鳖的能量营养源之一。特别是在饲料制作方面，更需要碳水化合物原料的配合，因为碳水化合物在糊化后表现出的黏弹性可提高饲料物理性状的稳定性。

**(一)碳水化合物的种类** 碳水化合物主要是由糖类和粗纤维两大营养要素组成。

**1. 糖类** 也叫无氮浸出物，溶于弱酸和弱碱。主要种类有单糖(如葡萄糖、果糖、半乳糖、甘露糖等)、双糖(如蔗糖、乳糖、麦芽糖等)和多糖(如淀粉、糊精、糖原、琼脂等)。糖类是碳水化合物中的可消化营养物质。

**2. 粗纤维** 是碳水化合物中不可消化的糖类，其主要包括纤维素、木质素、果胶等。

**(二)碳水化合物对龟鳖机体的作用**

**1. 给龟鳖机体提供能量** 与脂肪一样，碳水化合物的主要生理功能是给龟鳖提供能量。龟鳖机体吸收单糖以糖原的形式贮存于肌肉和肝脏内，当龟鳖机体需要时（如越冬季节）糖原分解成单糖，然后氧化成二氧化碳和水，并产生能量提供机体需要，一般1克碳水化合物可产生16.744千焦能量。此外，当肝脏和肌肉组织中贮存足量的糖原后再吸收的糖类就会合成脂肪贮存于体内，以备需要时再为机体提供能量。

**2. 构成龟鳖机体组织** 碳水化合物及其衍生物是机体组织细胞的组成成分，如五碳糖是细胞核酸的组成成分，半乳糖与脂肪是构成龟鳖神经组织的必需物质，糖蛋白参与形成细胞膜。而葡萄糖代谢的中间产物如磷酸甘油酸、丙酮酸可用于合成一些必需氨基酸等。

**3. 减少龟鳖体蛋白质的消耗** 当饲料中含有适量的糖类时，可减少龟鳖体内蛋白质的分解供能，同时三磷酸腺苷的大量合成也有利于氨基酸活化和蛋白质合成，从而提高饲料蛋白质的利用率。

**4. 促进消化吸收** 碳水化合物中的纤维素是龟鳖不能利用的，这是因为龟鳖体内不能产生消化纤维素的纤维素酶，所以纤维素起不到直接营养作用。但当有适量纤维素时能刺激龟鳖消化道活动，有促进饲料消化和营养吸收的作用，所以一般在饲料中配有10%以内的纤维素原料对龟鳖的生长是十分有利的。

## 四、矿物质

### （一）矿物质的种类

**1. 常量矿物质元素** 主要包括钙、镁、钾、钠、磷等，主要分布在龟鳖的肌肉、骨骼、背甲和腹甲中。

**2. 微量矿物质元素** 主要包括铜、铁、锌、锰、钴、钼、硒、铬、镍、锡、硅、铝、砷、铅、汞、镉、锶、锑。其中铜、铁、锌、锰、钴、钼、硒、铬为必需微量矿物质元素，镍、锡、硅为可能必需微量矿物质元素，锶、锑为非必需微量矿物质元素。

**3. 有毒矿物质元素** 铝、砷、铅、汞、镉是有毒矿物质元素，也是龟鳖的非必需微量矿物质元素。如饲料和环境中的含量过大，会对龟鳖造成很大的危害。

### （二）矿物质对龟鳖机体的作用

**1. 综合作用** 矿物质对龟鳖的综合作用主要有以下几个方面：一是构成龟鳖机体必需的营养成分；二是一些酶的辅基成分和激活因子，如磷酸化酶需要镁元素，细胞色素氧化酶需要铁和铜等；三是维持龟鳖一些组织的正常生理功能，如神经组织、肌肉组织和血液等；四是维持体液的渗透压与酸碱平衡。

**2. 单个矿物质元素的作用** 由于各种矿物质元素对龟鳖的生理作用既有相互性又有独立性，所以了解各种矿物质元素的独立作用非常重要（表 1-1）。

**表 1-1 单种矿物质元素对龟鳖机体的作用**

| 元素名称 | 作 用 |
| --- | --- |
| 钙 | 构成骨骼、软骨组织；参与肌肉收缩、血液凝固、神经传导、某些酶的激活以及细胞膜的完整性和通透性的维持；在细胞膜中钙和磷紧密结合，通过控制膜的通透性和调控细胞来进行对营养成分的吸收 |
| 磷 | 构成骨骼；参与多种物质的代谢过程；参与能量转化，保持细胞膜通透性，并与遗传密码、生殖、生长都有密切关系；维持体液和细胞内液的酸碱平衡 |
| 镁 | 构成骨骼；是多种酶的辅基和激活剂；在碳水化合物和蛋白质代谢中起着重要作用；是细胞膜的重要组成成分；维持神经、肌肉的正常兴奋性 |

续表 1-1

| 元素名称 | 作 用 |
| --- | --- |
| 钾 | 维持渗透压、酸碱平衡与水代谢；维持神经、肌肉的正常兴奋性 |
| 钠 | 维持渗透压、酸碱平衡与水代谢；控制营养物质进入细胞等 |
| 铁 | 构成血红蛋白，参与氧的运输；是多种酶的组成成分，在细胞生物氧化过程中具有重要作用 |
| 铜 | 与铁的吸收有关，参与造血过程，是机体内氧化还原体系中重要的催化剂 |
| 锰 | 酶的激活剂；促进龟鳖生长发育 |
| 锌 | 是许多酶的组成成分和激活剂；是构成胰岛素及维持其正常功能的必需成分；维护消化系统和皮肤的正常与健康 |
| 钴 | 酶的激活剂；构成维生素 $B_{12}$；防止贫血 |
| 碘 | 甲状腺素的重要组成成分；增加基础代谢，促进生长发育 |
| 硒 | 有利于维生素 E 的吸收利用，并协同维生素 E 维持细胞的正常功能和细胞膜的完整；调节脂溶性维生素的吸收和消耗 |
| 钼 | 多种酶的辅助因子 |
| 铬 | 帮助脂肪与糖的代谢 |

**(三)缺乏矿物质元素的不良反应与病症** 既然矿物质元素是龟鳖生长过程中不可缺少的营养要素，所以当其缺乏时就会出现不良反应和病症(表 1-2)。

## 五、维 生 素

维生素是维持动物正常生理功能必不可少的一种低分子化合物，也是维持动物生命所必需的微量营养成分。所以，维生素在龟鳖生长、繁殖中是十分重要的生命因子。

**表 1-2　缺乏矿物质元素引起的不良反应与病症**

| 元素名称 | 不良反应与病症 |
| --- | --- |
| 钙 | 骨质软化疏松，软壳蛋增多，生长发育不良，疾病增加 |
| 磷 | 脂肪肝，生长发育不良，骨骼钙化不全，畸形增多，肺脏肿大，死亡率高 |
| 镁 | 生长发育不良，肌肉松弛，骨骼变形，食欲下降，死亡率增高 |
| 钾 | 生长发育不良，蛋白质和能量利用率下降 |
| 钠 | 生长发育不良，蛋白质和能量利用率下降，繁殖率降低 |
| 铁 | 生长发育不良，严重贫血 |
| 铜 | 生长发育不良，骨骼生长不良，畸形增加 |
| 锰 | 生长发育不良 |
| 锌 | 繁殖率降低，生长发育不良，体表疾病增多，食欲下降甚至停食，白眼病增多 |
| 钴 | 骨骼生长不良 |
| 碘 | 生长发育不良，甲状腺病变 |
| 硒 | 亲种繁殖率降低，肝病增多 |

**（一）维生素的种类**　常用的维生素有 14 种，一般可分为水溶性维生素和脂溶性维生素两大类，其区别主要表现在化学和生理作用两方面。

**1. 水溶性维生素**　常用的水溶性维生素有 10 种，即维生素 $B_1$（硫胺素）、维生素 $B_2$（核黄素）、维生素 $B_3$（泛酸）、维生素 $B_4$（胆碱）、维生素 $B_5$（烟酸、烟酰胺）、维生素 $B_6$（吡哆醇）、维生素 $B_{11}$（叶酸）、维生素 $B_{12}$（氰钴胺素）、维生素 H（生物素）、维生素 C（抗坏血酸）。其中前 9 种统称为 B 族维生素。

**2. 脂溶性维生素**　脂溶性维生素常用的有 4 种，即维生素 A(视黄醇)、维生素 D(骨化醇)、维生素 E(生育酚)、维生素 K(抗出血因子)。此外,还有维生素 A 原(胡萝卜素)。

另外,还有一些类维生素的物质,其在龟鳖的生理活动中也起着积极的作用,如肌醇、维生素 F(亚麻油酸、花生油酸)、维生素 P(芸香苷)、维生素 $B_{15}$、肉毒碱、维生素 T、维生素 U 等。

**(二)维生素对龟鳖机体的作用** 在生理功能方面,脂溶性维生素主要是调节机体某结构单元上的代谢,且每种维生素均显现出一种或多种特定的作用。水溶性维生素的生理作用集中表现在与能量传递有关。它们的缺乏症很少有独特的,多数情况下很难显现出与功能的关系。现把各种维生素的生理作用归纳于表 1-3。

**表 1-3 维生素的生理作用**

| 维生素名称 | | 生理作用 |
|---|---|---|
| 脂溶性维生素 | 维生素 A | 具有维持正常视觉,保护上皮组织,提高繁殖率,促进性激素的形成,维护骨骼的正常生长与修补,维持神经细胞的正常功能和提高机体免疫力的生理作用 |
| | 维生素 D | 具有维持血钙、血磷正常水平,保持钙、磷平衡的作用 |
| | 维生素 E | 是一种生理抗氧化剂,能防止龟鳖机体细胞内不饱和脂肪酸的氧化,防止红细胞溶解并使龟鳖能进行正常的繁殖活动,在细胞代谢中发挥抗毒作用,促进免疫蛋白的生成,提高抗病力,维护骨骼肌和心肌的正常功能,促使细胞复活 |
| | 维生素 K | 具有促进血液凝固,促进消化道蠕动和分泌功能,预防细菌感染的作用 |

续表 1-3

| 维生素名称 | | 生理作用 |
|---|---|---|
| 水溶性维生素 | 维生素 B | 参与龟鳖机体碳水化合物的代谢,增进食欲,维持正常消化、生长发育和繁殖及维护神经组织的正常功能 |
| | 维生素 $B_2$ | 是氧化酶和还原酶的辅酶,参与龟鳖体内许多氧化还原反应 |
| | 维生素 $B_3$ | 是辅酶 A 的辅基,参与龟鳖体内的基本代谢功能,有利于各种营养物质的吸收和利用 |
| | 维生素 $B_4$ | 是促进龟鳖快速生长和提高饲料利用率的重要成分 |
| | 维生素 $B_5$ | 参与龟鳖体内 200 多种脱氢酶的正常反应,维护消化器官的正常功能,维护神经系统和皮肤的正常功能 |
| | 维生素 $B_6$ | 参与龟鳖的代谢 |
| | 维生素 $B_{11}$ | 形成龟鳖正常血细胞,增强抗病能力,提高细胞膜的功能和繁殖率 |
| | 维生素 $B_{12}$ | 参与许多代谢反应,维持龟鳖正常生长、血细胞成熟、脱氧核糖核酸生物合成和神经组织的健康 |
| | 维生素 H | 参与碳水化合物、脂肪和蛋白质的代谢 |
| | 维生素 C | 参与体内氧化还原反应;促进胶原蛋白的合成,强化毛细血管的通透性;具有赋活凝血酶原及增加血液中血蛋白的作用(止血作用),提高龟鳖的抗病力和繁殖力 |
| 类维生素物质 | 肌　醇 | 具有抗脂肪肝和防止肝脏脂肪渗入的作用 |
| | 维生素 F | 维持皮肤的正常功能,提高饲料利用率,促进龟鳖生长 |
| | 维生素 P | 配合维生素 C 可防止毛细血管渗透压升高和血管脆性增加 |
| | 维生素 $B_{15}$ | 有防治肝硬化和脑硬化的作用 |
| | 维生素 T | 具有促生长的作用 |
| | 维生素 U | 具有抗溃疡和抗脂肪肝的作用 |

**(三)缺乏维生素引起的不良反应与病症** 如果缺乏维生素,龟鳖在养殖过程中会出现各种不良反应和病症,从而影响龟鳖的生长和繁殖(表 1-4)。

**表 1-4 缺乏维生素引起的不良反应与病症**

| 维生素名称 | 不良反应与病症 |
| --- | --- |
| 维生素 A | 白眼病,突眼,眼出血,肾出血,腹腔积液,组织积液 |
| 维生素 D | 骨质疏松,骨软症,骨弯曲 |
| 维生素 E | 繁殖力降低,肌体萎瘪,腹腔积水,脂肪肝,肝脏肿大 |
| 维生素 K | 表皮出血,肠道出血,贫血 |
| 维生素 $B_1$ | 食欲下降,抗应激反应差,痉挛,表皮糜烂 |
| 维生素 $B_2$ | 白眼病,神经过敏,食欲下降 |
| 维生素 $B_3$ | 表皮组织变性、糜烂,肌肉松弛 |
| 维生素 $B_4$ | 脂肪肝,肝脏肿大,肠道出血,饲料利用率降低 |
| 维生素 $B_5$ | 食欲降低,出血、贫血,表皮受损 |
| 维生素 $B_6$ | 呼吸急促,神经失常,痉挛抽搐 |
| 维生素 $B_{11}$ | 机体免疫力下降,贫血,萎瘪 |
| 维生素 $B_{12}$ | 食欲下降,机体虚弱,萎瘪 |
| 维生素 H | 食欲下降,肌体萎瘪,内脏出血,肝脏肿大 |
| 维生素 C | 抗病原感染力下降,内脏易出血,表皮伤口愈合慢 |
| 肌　醇 | 消化道蠕动减弱,消化能力降低 |

# 第二节 龟鳖饲料的配制原料

## 一、鱼　粉

鱼粉是龟鳖饲料中最主要的原料,也是龟鳖饲料中最重要的蛋白质来源，到目前为止，还没有其他原料可以完全替代鱼粉，所以鱼粉在配制龟鳖人工配合饲料中的意义重大。

**(一)鱼粉的分类**　鱼粉的分类方法大致有以下几种。

**1. 按鱼粉的颜色分类**

(1)白鱼粉　主要以鳕鱼、鲽鱼等白色鱼肉为原料制成的鱼粉为白鱼粉。制作白鱼粉的原料鱼大多生活在深海中，鱼体较大，营养成分高，脂肪含量相对较低，鱼肉颜色较淡，质细易保存。白鱼粉是目前最高档的饲料原料，以它为主要原料配制饲料养殖动物的效果最好，效率也最高，如龟鳖养殖中幼苗阶段的配合饲料中，白鱼粉是不可缺少的。然而由于海洋资源的日益枯竭和需求量的不断增加，白鱼粉的产量逐年减少，价格飞涨。白鱼粉的主要产区在美国、俄罗斯和丹麦，近年来新西兰产量也有较大提高。世界不同地区白鱼粉的营养成分见表1-5。

**表1-5　世界不同地区白鱼粉的营养成分　(%)**

| 品　种 | 水　分 | 粗蛋白质 | 粗脂肪 | 粗灰分 | 盐酸不溶物 |
|---|---|---|---|---|---|
| 美国白鱼粉 | 9.32 | 62.09 | 4.54 | 22.38 | 0.7 |
| 日本白鱼粉 | 6.93 | 64.4 | 8.06 | 18.01 | 0.84 |
| 俄罗斯白鱼粉 | 5.4 | 61.39 | 6.73 | 25.18 | — |
| 波兰白鱼粉 | 7.6 | 66.4 | 5.46 | 19.7 | — |
| 新西兰白鱼粉 | 6.7 | 71.9 | 7.1 | 17.80 | 0.2 |
| 丹麦白鱼粉 | 9.13 | 65.23 | 5.71 | 16.09 | 0.77 |
| 南非白鱼粉 | 7.79 | 63.03 | 5.35 | 21.45 | 0.16 |
| 加拿大白鱼粉 | 6.77 | 62.47 | 4.31 | 22.01 | 0.77 |
| 韩国白鱼粉 | 7.36 | 65.03 | 6.43 | 18.79 | 0.12 |
| 中国大陆白鱼粉 | 9.63 | 63.73 | 7.69 | 20.45 | — |

从表1-5可以看出，新西兰、波兰、丹麦、韩国鱼粉的粗蛋白质含量均在65%以上，说明这些国家的海洋资源、捕捞技术及鱼粉的制作工艺较发达。

(2)红鱼粉　主要以沙丁鱼、鲱鱼、鲭鱼等红色肉鱼类为原料制作的鱼粉为红鱼粉。红鱼粉的原料鱼大多生活在海洋上层，一般不宜直接食用，其资源量比生产白鱼粉的原料鱼多，所以每年的捕获量也很大。制成的鱼粉颜色较深，脂肪含量和挥发性盐基氮值相对偏高，营养价值较白鱼粉低。红鱼粉的主要产区在阿根廷、智利、秘鲁等国家。世界不同地区红鱼粉的营养成分见表1-6。

**表1-6　世界不同地区红鱼粉的营养成分　(%)**

| 品　种 | 水　分 | 粗蛋白质 | 粗脂肪 | 粗灰分 | 盐酸不溶物 |
|---|---|---|---|---|---|
| 智利红鱼粉 | 9.63 | 64.70 | 8.01 | 14.95 | 0.63 |
| 秘鲁红鱼粉 | 9.29 | 61.06 | 6.85 | 19.02 | 0.51 |
| 泰国红鱼粉 | 7.07 | 55.61 | 9.4 | 22.35 | 4.61 |
| 丹麦红鱼粉 | 7.48 | 65.99 | 8.21 | 16.82 | 0.64 |
| 挪威红鱼粉 | 5.80 | 72.74 | 4.6 | 15.23 | 0.65 |
| 韩国红鱼粉 | 6.34 | 67.04 | 4.2 | 17.02 | 0.92 |
| 日本红鱼粉 | 8.09 | 64.64 | 8.98 | 16 | 0.77 |
| 中国台湾红鱼粉 | 7.27 | 53.95 | 11.98 | 19.76 | 0.96 |
| 美国红鱼粉 | 9.16 | 64.67 | 9.12 | 14.54 | 0.92 |

从表1-6中也可看出挪威、丹麦、韩国生产的红鱼粉粗蛋白质含量均在65%以上，其中挪威的最高，为72.74%，是目前各类鱼粉中粗蛋白质含量最高的。但从其他营养指标的比较上可以看出，白鱼粉的有利指标均高于红鱼粉(表1-7)。

表 1-7　白鱼粉和红鱼粉主要营养指标的比较

| 鱼粉种类 | 水　分<br>（%） | 粗蛋白质<br>（%） | 粗脂肪<br>（%） | 挥发性盐基氮<br>（毫克/100 克） |
|---|---|---|---|---|
| 白鱼粉 | 5～9 | 60～67 | 5～8.5 | ≤75 |
| 红鱼粉 | 7～10 | 62～69 | 7～11.8 | 90～200 |

**2. 按原料鱼和生产工艺分类**

(1)按原料鱼分类　分为下杂鱼粉、全鱼粉（整条鱼制成的鱼粉）、去肉片鱼粉（去掉鱼体两侧鱼肉片）3 种。其中下杂鱼粉为水产品加工后的残屑，即由鱼头、鱼骨、鱼内脏及少量的鱼肉为原料制成，蛋白质含量很低，但矿物质和微量元素的含量相对较高，所以在配制配合饲料时可作为补充钙、磷的原料。

(2)按生产工艺分类　鱼粉的生产工艺主要有两种，一种是干法生产，另一种是湿法生产。

干法生产是先把鱼体蒸干或烘干，然后脱脂提取鱼油，最后粉碎包装。干法生产的鱼粉呈深褐色，质量相对较差。

湿法生产的工艺比较先进，其特点是先将原料鱼进行蒸煮，然后用压榨机把大部分油脂和水分分离，再干燥、粉碎、包装。在制作过程中有“三废”处理，制作的鱼粉质量较好。缺点是大量的水溶性维生素易在制作过程中流失。

**3. 按进货渠道分类**　按进货渠道可分为进口鱼粉和国产鱼粉。一般进口鱼粉的质量标准相对较高，国产鱼粉因原料和制作工艺等原因质量较差。但近年来因价格上涨，进口鱼粉也有以次充好的现象，给采购者直观辨别质量增加了难度。

**(二)鱼粉的质量**　由于鱼粉是龟鳖配合饲料的主要原

料，所以鱼粉的质量优劣也成了配合饲料质量高低的关键。鱼粉的质量主要是指鱼粉的粗蛋白质含量和新鲜度（即挥发性盐基氮值）的高低，一般挥发性盐基氮值越高新鲜度就越低，质量也越低。其次是脂肪和水分含量。鱼粉的质量会受各种因素的影响而变化，如原料鱼的品种不同、质量不一、鱼粉的制作工艺不同等，都会影响鱼粉的质量，所以研究和辨认鱼粉的质量十分重要。

**1. 不同原料鱼与鱼粉质量的关系** 我们通常所说的不同原料鱼是指不同原料鱼品种、鱼体被利用的不同部位和不同的新鲜度。如在进口白鱼粉中，即使是同一品种，用整条鱼生产的鱼粉，粗蛋白质含量在68%～70%，粗灰分在15%左右。如果在去掉30%左右的鱼肉后生产的鱼粉，粗蛋白质就会降至58%～62%，粗灰分提高至17%左右。如用同样鱼的加工残渣（头、尾、皮、骨、内脏等）生产的鱼粉，粗蛋白质会降至50%以下，而粗灰分则会提高至20%以上。

原料鱼新鲜度差，肌肉组织软化，蛋白质酶解。随着原料鱼自溶和腐败程度的加剧使得鱼粉中蛋白质含量下降，挥发性盐基氮和组胺增加，鱼粉的色、香、味就会被严重破坏。由于龟鳖的嗅觉较发达，对饲料气味的变化特别敏感，所以对不新鲜原料生产的饲料会很快做出停食或厌食的反应，从而影响养殖效果。

**2. 不同制作工艺与鱼粉质量的关系** 不同制作工艺与鱼粉质量也有很大的关系，特别是干燥方式不同可导致鱼粉质量上的较大差异，如用直接式干燥方式生产鱼粉时，因热风温度可达到500℃，常使鱼粉表面焦化，这就直接影响鱼粉的质量。所以，采用高温或长时间加热干燥会使鱼粉脂肪氧化程度加深，也会使蛋白质消化率降低。鱼粉的脂肪氧化也叫酸败。鱼粉容易脂肪氧化是因为原料鱼的脂质组织（不饱和脂肪酸）容易氧化，而鱼粉的制作工艺又较复杂，容易促进氧化，鱼粉的氧化会使龟鳖产生厌食和拒食。即使摄食，也会发生疾病，严重的还会导致肠炎和肝病，甚至死亡。

**3. 鱼粉贮藏温度与质量的关系** 鱼粉在贮藏过程中，继续在进行自身氧化。一般在常温或适度低温（10℃～20℃）下氧化进展缓慢，随着温度的提高而氧化加快，尤其在室内温度很高时鱼粉会自然发热；而如果温度过低，鱼粉的氧化也会加快，原因是强化低温抑制了抗氧化物质的产生，如在－20℃时其氧化速度是常温下的几十倍。

判别鱼粉的质量主要是直接观察鱼粉的脂肪氧化程度，因为鱼粉的脂肪氧化程度即表示鱼粉的新鲜度，而化学上一般通过挥发性盐基氮、酸价、组胺等指标检测来分析，以判断鱼粉质量的优劣。

**（三）鱼粉质量的鉴别方法** 鉴别鱼粉质量的优劣可通过感官、镜检和化学测定3种方法进行。

**1. 感官鉴别** 首先是视觉观察。一般优质鱼粉颜色一致，均匀分散无结块。进口鱼粉呈淡黄色肉松状；国产鱼粉呈青黄色颗粒状，并含有少量鱼骨、鱼眼。其次用嗅觉鉴别。新鲜的优质鱼粉应有很香的鱼腥味，而存放过久、受潮、腐败变质的鱼粉会产生腥臭味和刺鼻的霉臭味，如掺假还会有掺假物的气味。最后用味觉鉴别。优质鱼粉应有新鲜的鱼肉松味，略咸，没有苦、辣、煳等异味。

**2. 镜检** 有条件的地方还可采用显微镜镜检的方法，它具有快速经济的特点，但镜检的准确度视检验员的经验而异。为提高镜检的准确度，检验员应对可能掺入的物质在镜下进行大量的观察，熟记其形状特点，并掺入鱼粉中进行强化训练。经过长期、大量的实际操作，才能提高镜检的准确度。

**3. 化学测定** 测定品质可用化学方法，一般测定蛋白质、脂肪、钙、磷、水分含量等项目。但随着掺假手段的提高，常规方法可能无法检出是否掺假。目前，比较准确的方法是测定鱼粉中赖氨酸和蛋氨酸含量。赖氨酸达到5%、蛋氨酸达到2%以上是比较优质的鱼粉，一般掺假后这两项指标很难达到上述水平。但检测氨基酸具有费用高、时间长等缺点。化学方法还可配合镜检对怀疑掺入的物质如羽毛粉、血粉、尿素、皮革粉、锯末、石粉等进行专项化学测定。

## 二、血　粉

血粉是屠宰场在屠宰陆生养殖动物如牛、羊、猪、兔和鸡、鸭等所得到的血液，经脱水干燥后磨成的粉末。血粉的蛋白质含量很高，粗蛋白质含量最高可达80%。特别是龟鳖对血腥味较敏感和嗜好，因此血粉的血腥味能起到诱食作用。血粉蛋白质中富含蛋氨酸、赖氨酸和精氨酸，缺乏异亮氨酸，因此氨基酸平衡性较差。此外，血粉中含有的维生素种类也不齐全，虽然含有丰富的B族维生素，但却缺乏脂溶性维生素中的维生素A和维生素D，而且钙和磷的含量也较低。因此，血粉在配制龟鳖人工配合饲料时只作为蛋白质中某种氨基酸的补充，配比时比例不能太高，笔者的经验是以不超过5%为好。

## 三、奶　粉

各种工业用全脂奶粉是龟鳖稚苗阶段饲料中不可缺少的原料之一。奶粉不但蛋白质含量高、质量好，也很容易消化吸收，特别是奶粉的香味是龟鳖苗种喜欢的气味之一。试验表明，稚苗阶段添加一定比例奶粉的配合饲料，对龟鳖稚苗的摄食和生长都表现出较好的效果，饵料系数也是最低的。

## 四、禽　蛋

各种禽蛋都是龟鳖的好饲料，无论是鲜拌还是干粉，营养均十分丰富(表 1-8)。特别是在繁殖季节给亲龟添加，可大大提高亲龟的产卵率和受精率。禽蛋一般农村都可买到，而且价格也不是很贵。

**表 1-8　禽蛋类饲料的营养成分**　(100 克内含量)

| 种　类 | 水分(克) | 粗蛋白质(克) | 粗脂肪(克) | 碳水化合物(克) | 粗灰分(克) | 钙(毫克) | 磷(毫克) | 产　地 |
|---|---|---|---|---|---|---|---|---|
| 鹌鹑蛋 | 73.9 | 14.3 | 10.6 | 0.1 | 11 | 67 | 241 | 北京市 |
| 鹌鹑蛋 | 66.5 | 12.2 | 11 | 9 | 1.3 | 29 | 229 | 安徽省 |
| 鹌鹑蛋 | 73 | 11.8 | 12.4 | 1.9 | 0.9 | 42 | 119 | 福建省 |
| 鹅　蛋 | 67.8 | 11.2 | 17.5 | 0.9 | 1.4 | 22 | 61 | 河北省 |
| 鹅　蛋 | 68.7 | 9.5 | 14.9 | 5.6 | 1.3 | 22 | 109 | 山东省 |
| 鸡　蛋 | 74.2 | 12.6 | 11 | 1 | 1.2 | 39 | 111 | 北京市 |
| 鸡　蛋 | 73 | 13.5 | 13.1 | 0 | 1.1 | 48 | 227 | 湖北省 |
| 鸡　蛋 | 76.5 | 13.6 | 8 | 1.1 | 0.8 | 33 | 89 | 江苏省 |
| 鸡　蛋 | 72.8 | 12.7 | 9.4 | 4.1 | 1 | 60 | 219 | 广东省 |
| 鸡蛋黄 | 50.6 | 15.3 | 26.4 | 5.7 | 2 | 1 | 780 | 河北省 |
| 鸡蛋黄 | 55.5 | 14.4 | 26.4 | 2 | 1.7 | 90 | 259 | 江西省 |
| 鸭　蛋 | 70.1 | 13 | 13.3 | 2.3 | 1.3 | 77 | 249 | 北京市 |
| 鸭　蛋 | 69.4 | 11.6 | 11.1 | 6.8 | 1.1 | 43 | 208 | 湖北省 |
| 鸭　蛋 | 72.2 | 13.4 | 14.9 | 0 | 1 | 86 | 263 | 浙江省 |

## 五、酵　母

酵母的种类很多，常见的有啤酒酵母、酒精酵母、味精酵母、糖蜜酵母等，多为发酵工业的副产品，因其价格便宜，目前已广泛应用于特种水产饲料生产中。

酵母本身含有40%以上的粗蛋白质，其中赖氨酸和色氨酸含量高于一般植物性原料。酵母含有10多种维生素，其中B族维生素尤为丰富。更重要的是，酵母中含有多种酶，能促进龟鳖对饲料的利用效果。另外，酵母有特别的香味，对龟鳖也有一定的诱食作用。

在众多纯酵母产品中，啤酒酵母是酿造啤酒的发酵副产品，是用营养丰富的麦芽汁培养的，所以细胞形态最好，个体最大、最重，质量最好。经过压滤、洗涤、分离出来的纯啤酒酵母菌体，采取低温自溶处理后进行蒸汽烘干，不含有毒、有害物质，是一种消化吸收非常好的优良饲料原料。所以，在配制龟鳖饲料时最好采用新鲜纯正的啤酒酵母。但我国啤酒酵母的供应数量远远满足不了饲料厂家的需求，所以有的厂家就采用进口的糖蜜酵母和味精酵母，也有采用固体发酵法生产的饲料酵母等，效果也不错。

固体发酵的酵母是用豆粕、菜籽饼粕、玉米蛋白粉、血粉等经过固态发酵，利用微生物的改良处理来提高消化吸收率，从严格意义上说，它是一种发酵饲料，而非饲料酵母。

## 六、豆　粕

大豆提取油后的残渣称为大豆饼粕。采用压榨法榨油的称为豆饼，一般是块状或片状；而用溶剂提取后的残渣称为豆粕，一般为粗粒状。

(一)豆粕的特点

**1. 蛋白质含量高** 豆粕的蛋白质含量很高，一般粗蛋白质为 45％。赖氨酸含量很高，仅次于鱼粉。特别是豆粕的蛋白质品质好，利用率高。

**2. 适口性好** 豆粕味香、色黄，适口性好，在配合饲料中若添加比例适当，龟鳖非常喜食。

**3. 矿物质元素丰富** 豆粕中矿物质元素含量丰富，特别是钙、磷含量远高于其他植物性饲料，但有效磷含量仅占总磷含量的 1/3。

**4. 含硫氨基酸含量偏低** 豆粕的最大缺点是含硫氨基酸含量偏低，占蛋白质总量的 1.7％以下，远远低于鱼、虾体中的含量。

**5. B 族维生素含量较少** 豆粕的另一个缺点是 B 族维生素含量较少。

**6. 含有抗营养因子** 豆粕含有一些抗营养因子，如抗胰蛋白酶因子、尿素酶、植物凝聚素、皂角苷、致甲状腺肿大因子等成分，其中最重要的是抗胰蛋白酶因子，它是 7～10 种蛋白质的混合物。

**(二)豆粕的营养成分** 通过分析，豆粕的营养成分组成为：粗蛋白质 45％、粗脂肪 1％、无氮浸出物 30.7％、粗纤维 6.5％、粗灰分 6％、钙 0.25％、磷 0.6％、水分 9.95％。

豆粕在龟鳖饲料中的配比比例较大，且豆粕的货源也较充足，既有国产的也有进口的，但品质档次和原产地关系十分密切，饲料质管人员和原料采购人员必须弄清所选用大豆的来源。产地不同，大豆的品种和豆粕的加工方法就可能不同。我国从 1996 年 3 月份开始从国外进口豆粕，进口数量急增，主要进口国为巴西、阿根廷、印度和美国。据上海市海关商检部门的统计，进口豆粕平均不合格率高达70%，主要是水分高、蛋白质含量低、外观色泽差、油蛋白和尿素酶活性不符合要求等，应引起我国饲料厂家的重视。

豆粕虽然是一种营养相对平衡的植物性蛋白质饲料，但因豆粕中含有的不良因子使豆粕的应用受到了一定的限制，特别是不能在龟鳖稚苗阶段应用，给豆粕的应用带来了局限性。近年来，采用生物技术使豆粕的利用得到了很大提高，其中大豆酶解蛋白是近年来新开发的以豆粕为原料采用特异菌株和酶发酵后彻底去除豆粕中不良因子的新产品。

豆粕在饲料中的配比量一般以不超过10%为宜，大豆酶解蛋白以不超过12%为宜。

## 七、膨化大豆

膨化大豆是经过高温熟化处理过的饲料原料，我国自产的产量很高。

由于龟鳖对植物性原料的利用率比较低，所以无法大比例使用，一般最高使用量不得超过12%，否则就会造成龟鳖生长缓慢，严重时还会影响成活率。这主要是由于植物性蛋白源氨基酸不平衡、存在抗营养性因素(抗胰蛋白酶等)、矿物质元素不平衡、适口性差和在水中稳定性不够理想等原因所致。但是，随着动物性蛋白质资源(鱼粉)的日渐缺乏，经过熟化处理的植物性蛋白质将被更广泛地使用。许多实例证明，经高温加热处理的大豆优于普通豆粕，而且也可以替代更多的动物性蛋白质。在熟化处理的各种方法(蒸煮、烘炒、膨化)中，又以膨化处理更具优势。这与近年来膨化工艺及机械设备的不断改进有关。

膨化大豆质量的优劣，主要取决于大豆的水分含量，也与膨化处理过程中的温度和时间有关。据有关研究报道，当大豆的水分含量在 14%～16%时，加工温度逐渐升高至 150℃～160℃，处理时间为 6～7 分钟；而大豆水分含量在 13.5%以下时，温度可降低至 120℃～130℃，处理时间为 5～6 分钟。

通过分析膨化后全脂大豆的各种成分发现，膨化大豆具有以下特性。

一是适口性好。由于大豆膨化时淀粉糊化度达40%～50%，所以膨化后的大豆气味芳香，适口性好。

二是更易贮存。经过膨化的大豆虽因膨松结构使其更易被氧化，但只要加入抗氧化剂，就更易贮存。

三是减少了粗纤维的含量。膨化后的大豆粗纤维含量减少 30%～60%，这就可大大提高其粉碎性能，这对产品细度要求较高的龟鳖饲料是十分有利的。

四是抗营养因子含量降低。大豆膨化后可使抗营养因子含量大大降低。

当然，大豆膨化后会使蛋白质的自然结构发生改变，使氨基酸含量受损失。但多数研究也表明，与其他热处理相比，在适宜的膨化条件下，多数氨基酸的利用率却得到了提高。在龟鳖饲料配制中膨化大豆的比例以不超过 6%为好。

## 八、菜 籽 饼

菜籽饼中粗蛋白质含量约为 37%，比豆饼略低。菜籽饼中 80%的粗蛋白质以蛋白质形式存在，其余 20%以氨基酸、核酸等形式存在。因菜籽饼中的蛋白质绝大部分为球蛋白，氨基酸含量较平衡。蛋白质消化率为 79%，低于豆饼(88%)；必需氨基酸消化率为 74%～76%，低于豆饼(85%～

92%)；赖氨酸含量比豆饼低，但蛋氨酸含量较豆饼高。菜籽饼中的各种维生素（除泛酸）含量均比豆饼高。矿物质含量丰富，尤其是磷与硒，但有效磷含量不高。菜籽饼粗纤维含量约为12%，为豆粕的2倍。菜籽饼中含有一些毒素和抗营养因子（如芥子苷、植酸等），使菜籽饼适口性变差。蛋白质消化率较低，在实际应用中受到限制。在龟鳖配合饲料中的配比以不超过3%为好。

## 九、花生饼粕

花生饼粕的饲用价值仅次于豆粕，蛋白质和能量含量都比较高。粗蛋白质含量为38%～41%，粗纤维含量为4%～7%。花生饼脂肪含量为4%～7%，花生粕脂肪含量为0.5%～2%。钙含量为0.2%～0.3%，磷为0.4%～0.7%。也是钙少磷多，磷同样多为植酸态磷，有效性不高。

压榨法生产的花生饼粕具有浓郁的香味，适口性极好，在龟鳖饲料中配合一定的比例有很好的诱食作用，但在使用时要注意以下几点。

第一，花生饼粕中含有抗胰蛋白酶因子，加热（120℃）处理可将其破坏，但温度过高或过低均有不利影响。

第二，花生饼粕易感染黄曲霉菌，而黄曲霉菌对热稳定，不易去除，因此花生饼粕的存放时间不宜过长。

第三，配合时要严格控制用量，一般不要超过1%。

第四，花生饼粕中赖氨酸、蛋氨酸含量很低，而精氨酸、甘氨酸含量很高，使用时应注意氨基酸的搭配，充分考虑氨基酸的平衡。

## 十、玉米蛋白

玉米蛋白是淀粉厂的副产品，为橘黄色粉末。由于玉米蛋白中含有丰富的类胡萝卜素和B族维生素，所以长期添加能使龟鳖的体表变黄。玉米蛋白的有效蛋白质含量在40%左右。与鱼粉等动物性蛋白质相反，玉米蛋白的蛋氨酸含量很高，但赖氨酸和色氨酸含量很少，所以作为龟鳖配合饲料中的蛋白质饲料原料，配合时比例不能过高，一般以不超过5%为宜。

## 十一、酶解血球蛋白

酶解血球蛋白是近年来新开发的动物性蛋白质，产品呈粉状，故也叫酶解血球蛋白粉。酶解血球蛋白的加工工艺如下。

鲜血液→预处理→离心分离→酶解→灭酶→分离→脱色→分离→喷雾干燥→产品

酶解血球蛋白的蛋白质含量丰富，可消化蛋白质高达90%以上，尤其是赖氨酸含量较高，营养价值和消化吸收力也很好。通过几年的应用证明，在饲料中按一定比例添加，对龟鳖的生长、繁殖及抗病方面均有较好的效果。与鱼粉一样，酶解血球蛋白中蛋氨酸的含量较低，而且价格也较贵，所以添加一般以不超过5%为宜。

## 十二、油　脂

油脂根据来源可分为植物性油脂和动物性油脂。在龟鳖饲料中采用的动物性油脂多为海产动物油，如鱼油、乌贼油、鱼肝油。植物性油脂则有豆油、花生油、玉米油、菜籽油等。

粉状饲料在加工过程中不宜添加，而是在养殖场制饵时添加进去，颗粒饲料则在制粒前搅拌进去或制粒后喷涂上去。

油脂对龟鳖的生长发育十分重要，是龟鳖饲料企业必须重视的原料。鱼油消化吸收性好，必需脂肪酸含量丰富；植物性油脂品质稳定，成本低，采购容易。所以，鱼油和植物油各有优点与不足，实践证明两者还有良好的互补作用。日本饲料专家左野(1989)推荐豆油和鱼油以1：1比例添加饲养效果最好，值得借鉴。

油脂易被氧化而变质，这是引起龟鳖营养性疾病的最主要原因。氧化油脂中含有的醛、酮、酸，对龟鳖有毒性作用。所以，我们在应用过程中应做到以下几点。

第一，注意油脂的贮存。油脂产品贮存不当会使产品质量下降，主要是发生酸败变质产生特殊气味和有害的氧化产物。油脂变质有三种途径：一是油脂中有水存在，通过真菌和细菌的脂肪酸水解作用，产生特殊气味，影响适口性；二是有氧气存在，不饱和脂肪酸在微量元素等催化因素下被氧化，降低油脂能量利用率，破坏了部分必需脂肪酸，影响适口性；三是有高温、光线(紫外线等)、过氧化物、金属等存在，也可促进油脂氧化。鱼油因含有较多的高度不饱和脂肪酸(其中含有活性的亚甲基)而更易氧化。因此，应在钢制或铁制的容器中贮存或处理油脂。避免与铜器接触，因铜在脂肪酸氧化过程中起辅助加速作用；尽量密封，避免油脂过多地与空气接触；温热对干燥、无杂质的油脂无不良影响，但如果油脂水分过高或含有不溶性杂质，温热会提高游离脂肪酸含量和油脂的不稳定性；贮存温度应略高于油脂的熔化温度；使用前进行加热处理可改善油脂的混合均匀度；制粒过程中，喷涂油脂的设备要经常清洗，防止酸败的油脂残留，否则会影响饲料产品质量；添加抗氧化剂可以延长油脂的贮存时间。

另外，贮存油脂应在无光、低温的状态下，高温与强烈的光照都对贮存油脂不利。

第二，严禁使用变质油脂。变质油脂的颜色和气味跟优质油脂截然不同，仔细观察不难区分。如变质油脂制成的软颗粒黏弹性差，类似豆腐渣状，在水中散失很严重。

我国目前正在制定饲料级油脂质量标准。国外有关鱼用油脂的标准也不一致。一般饲料级油脂产品在出售中需标明具体成分含量，如总脂肪酸的最低含量，非皂化物的最高含量，杂质、游离脂肪酸、水分的含量等。采购进货时要注意油脂的炼制日期。现介绍日本制定试行的鱼用油脂（豆油、精制鱼油）标准。

外观：黄色、透明。

气味：无腐败味。

流动点：－5℃以下。

碘值：140～160。

酸价：2以下。

过氧化值：5以下。

非皂化物：3％以下。

## 十三、α-淀粉

α-淀粉又称预糊化淀粉，俗称“阿尔法淀粉”。是以天然机制淀粉经高温、高压处理后制成，是龟鳖配合饲料中不可缺少的主要原料之一，特别是在粉状饲料中它的配合比例排在第二位，所以了解α-淀粉的有关知识非常重要。

**（一）α-淀粉的基本特性**　α-淀粉的主要特点是能在冷水中迅速糊化，黏结力强，黏弹性好。龟鳖配合饲料中需添加大量的黏结剂，目的也是为了增强配合饲料的黏弹性，以减少饲料在水中的散失。所以，到目前为止α-淀粉是龟鳖配合饲料中较理想的黏结剂。α-淀粉与鱼粉、豆粉及添加剂等原料混合后加水即可制成糊团状饲料和颗粒饲料，这些形状的饲料适宜龟鳖摄食。但因为龟鳖的生长是以蛋白质为主，而α-淀粉几乎不含蛋白质，所以淀粉的营养作用基本可以不予考虑，我们在配制饲料时使用淀粉的目的是利用其黏弹性，这样配合的比例就不能太高，一般粉状配合饲料最高不得超过18%。

**(二)α-淀粉的测定**　α-淀粉的分析检测目前没有标准方法可循，国际上也没有统一标准，各厂商和研究单位自行采取不同的方法。使用较为普遍的检测方法有以下几种。

**1. 黏度测定**　α-淀粉胶质浓度5%，胶质温度20℃。采用NDT-1型旋转式黏度计测定[以厘泊(CP)表示]，用4号转子，转速60转/分，此法的特点是简便快捷。

**2. 黏弹性测定**　至今未见测定仪器和规范方法，通常采用5%的α-淀粉胶，在规定条件下测定拉丝高度。拉丝高度高，则α-淀粉黏弹性好。如在50毫升烧杯中加9.5毫升蒸馏水，称0.5克α-淀粉试样，10分钟后在20℃温度下用直径为5毫米的玻璃棒从底部胶质中垂直拉起，测定拉丝在断裂前的高度，以厘米表示。有条件的，可采用德国产Brabender黏度仪(单位Bu)，对水产饲料黏弹性进行定量研究。

**3. 黏度计法**　目前，有2种方法，即恩氏黏度计法和布莱登黏度计法。其中，恩氏黏度计法是国内淀粉行业测定其产品黏度普遍采用的方法，而布莱登黏度计法是国际上淀粉行业测定产品黏度普遍采用的方法，我国化工行业规定以此法作为仲裁法。

**(三)α-淀粉的质量要求**　α-淀粉质量的优劣直接决定水

产饲料制饵黏弹性能的优劣，我们必须高度重视其质量要求。根据经验，优质α-淀粉至少应具备下列条件。

一是外观呈白色粉状，pH 值呈中性，卫生无毒。

二是5%的α-淀粉胶用 NDT-1 型旋转式黏度计测定应在1 000～1 500 厘泊，拉丝高度约 20 厘米。

三是α-淀粉的分子链应足够长，有亲水基因，使其具备良好的水化溶胀性(即α-化度)。

四是细度大于 80 目，较好的细度可提高黏弹效果。

五是水分低于6%，并贮存在干燥阴凉处，力求新鲜使用。

有时其他饲料原料的品质优劣也会影响α-淀粉的黏弹性，如鱼粉品质差或脂肪酸败等原因就会降低配合饲料的黏弹性。另外，不同的鱼粉与不同品种和等级的α-淀粉有着不同的配伍效果，值得配方设计、生产、质量管理人员认真研究摸索，并一定要对每批进厂的鱼粉和α-淀粉在批量生产前实施小样试验，以确保饲料配制无误，尤其要注意鱼粉的吸水性(一般认为蛋白质含量高，粗灰分含量低，则鱼粉的吸水性就好，否则吸水性差)。

还有一个十分重要的问题是黏弹性的持续时间。不少龟鳖养殖户反映刚加工成面团状的配合饲料黏弹性状态正常，20～30 分钟后就迅速变软，散失量大。这既有鱼粉和α-淀粉的质量问题，也有两者配伍方面的问题。

## 十四、添加剂

**(一)生物添加剂**　主要是指近年来开发的微生态制剂。微生态制剂是根据微生态原理，利用正常微生物群落或其促进物质制成的调节机体微生态平衡的活性微生物添加剂。微生态制剂可以改善龟鳖的肠道环境，提高机体抗病力。其进入龟鳖肠道定植后产生多种酶和维生素，可大大促进龟鳖的生长，降低饵料系数。所以，生物添加剂是目前较热门的添加剂之一。

**（二）增色添加剂** 是在无害的基础上为改善龟鳖外观所加入的添加剂，如一些观赏龟类的体表和鳖的底板颜色，特别是消费者喜欢的黄板鳖，可以通过添加β-胡萝卜素、姜黄素、甲壳素等动植物提取物进行改善，从而提高产品的商品价值。

**（三）防病添加剂** 防病添加剂的种类很多，大多以改善龟鳖的生命功能，提高抗病能力等为目的，所以防病添加剂也是目前龟鳖饲料配制中常用的添加剂之一。

**1. 中草药添加剂** 中草药取自动物、植物、矿物质及其产品，根据组方配伍规律和配伍禁忌配制而成。中草药添加剂充分利用各味中草药之间的相互作用，提高了养殖动物对疾病的预防效果，而对机体的生理功能却无明显损害，且不会产生抗药性和毒副作用，也无残留和污染环境的负面影响。中草药除了能提高龟鳖非特异性免疫能力外，还能调节机体新陈代谢，提高抗应激能力，而且具有抗菌抗病毒作用、营养作用、双向调节作用等功能。目前，常见的龟鳖中草药添加剂按其具体作用分为保肝类中草药添加剂、促进消化吸收类中草药添加剂、提高机体免疫类中草药添加剂、营养类中草药添加剂等。

**2. 酶制剂添加剂** 酶制剂添加剂可以改善龟鳖的代谢功能，消除饲料中的抗营养物质，提高营养的利用率，减少营养物质的排放量，如在饲料中添加葡聚糖酶、木聚糖酶等可以消除非淀粉多糖的抗营养作用，促进蛋白质和各种矿物质的吸收。

**3. 低聚糖添加剂** 龟鳖饲料中添加低聚糖，可以促进龟鳖的生长，提高其增重率，改善龟鳖的免疫力和成活率等。

**（四）助黏添加剂** 助黏添加剂也叫助黏剂。由于龟鳖饲料十分重视投喂摄取过程中面团状或颗粒状饲料在水中的稳定性，所以生产中常采用助黏剂来加强粉料的黏弹性和颗粒料的保形性。

目前，粉料加工中采用的助黏剂有以下几种。

**1. 谷朊粉** 也叫活性面筋粉。是小麦淀粉加工中的副产品，不但是一种很好的黏合剂，也是一种蛋白质。谷朊粉中的蛋白质含量一般不低于70%。在采购谷朊粉时，务必注意其蛋白质含量、干燥方法和温度以及存放时间（不能存放过久）。一般国产谷朊粉的产品标准为：色泽淡黄，水分≤9%，粗蛋白质≥75%，粗灰分≤1.25%，粗细度为80目通过≥95%，吸水率≥150%。

**2. 褐藻酸钠** 也是一种很好的黏合剂，但因其价格很高，货源少，所以使用的比例一般比较小。

**3. 羧甲基纤维素** 俗称“化学浆糊粉”。当有二价、三价从属离子存在时，它会失去黏着力。

配合颗粒饲料在水中的稳定性主要靠加工技术和使用黏合剂的协调作用。所以，许多厂家在调整用料比例、改进加工技术（温度、时间、冷却等技术环节对产品稳定性影响很大）的同时，还乐于添加助黏剂。

高效颗粒饲料黏合剂也是国内外研究的热门项目，特别是使用助黏剂应掌握正确的使用方法。现介绍如下。

第一，要有足够的时间、温度和水分。

第二，不要大量进货，因胶黏类物质易结块、失效。

第三，必须存放在干燥阴暗的地方。

同时，选择助黏剂时还应注意以下几点。

第一，看其价格是否合理，货源是否充足。

第二，注意其在水中的停留时间。

第三，应考虑龟鳖对其的消化性，特别应考虑对龟鳖无害又便于吸收。

**(五)维生素添加剂** 是根据龟鳖不同生长阶段的需要，而将不同维生素按比例与其他辅料一起配合的预混料，这样在配制直接投喂的饲料时就很方便。表1-9是维生素添加剂的配方，供参考。

**表1-9 维生素添加剂配方** (毫克/千克饲料)

| 名 称 | 含 量 | 名 称 | 含 量 | 名 称 | 含 量 |
| --- | --- | --- | --- | --- | --- |
| 维生素A | 5000单位 | 维生素E | 200 | 叶 酸 | 5 |
| 维生素$B_1$ | 20 | 维生素$D_3$ | 5000单位 | 泛 酸 | 50 |
| 维生素$B_2$ | 50 | 维生素K | 10 | 肌 醇 | 90 |
| 维生素$B_6$ | 45 | 维生素C | 400 | 烟 酸 | 100 |
| 维生素$B_{12}$ | 0.15 | 生物素 | 0.1 | 胆 碱 | 500 |

**(六)矿物质与微量元素添加剂** 也是根据龟鳖不同生长阶段的需要，而将不同矿物质与微量元素按比例加入其他辅料配制的预混料。表1-10是配合饲料中矿物质元素的添加配方，供参考。

**表1-10 矿物质元素的添加配方** (克/吨饲料)

| 名 称 | 用 量 | 名 称 | 用 量 | 名 称 | 用 量 |
| --- | --- | --- | --- | --- | --- |
| 氯化钾 | 5007 | 硫酸锌 | 47.3 | 钙 | 饲料量的1.2% |
| 硫酸镁 | 4580 | 硫酸锰 | 76.7 | 磷 | 饲料量的0.6% |
| 硫酸亚铁 | 174 | 碘化钾 | 0.68 | | |
| 硫酸铜 | 10.4 | 硫酸钴 | 0.97 | | |

## 第三节　龟鳖饲料原料的采购与贮存

由于饲料原料的质量和新鲜度直接影响配合饲料或直接投喂的养殖效果，所以饲料原料的采购和贮存是保证饲料质量的关键因素之一。下面简单介绍一下饲料原料采购的基本要领与贮存方法。

### 一、饲料原料采购的基本要领

**（一）认真采样**　因一般采购的数量比较大，不可能都拆开包装进行检查，所以采样检查是目前采购饲料的普遍方法。但采样检查必须特别认真并要求掌握一定的方法。

**1. 散装料的采样**　散装料采样时，采集点的多少应根据料堆的大小、高低来确定。一般要求 100 吨以下、高度不超过 1 米的采 5 个点，即四周边的中间和中心的顶点，采时把采样器插进料堆 50 厘米深；101～500 吨、高度在 2～3 米的采 10 个点，即四周边各取 2 个点，顶点取 2 个点，采时把采样器插进料堆 50 厘米深和 2 米深取 2 次样；500 吨以上、高度超过 4 米的，应采 16 个或 16 个以上的样点，方法同上述的一样，也可灵活掌握。采好的样可以混合检测，也可以单独检测。

**2. 袋装料的采样**　袋装料采样相对比较简单，一般要求每 100 袋抽采 8 袋以上，采好的样可以混合检测，也可单独检测。

**（二）感官检查**　原料的感官检查也叫直接检查。龟鳖饲料的原料大多可以用闻、看、摸、搓、尝等方法直接检查，如我们通过观察原料的颗粒大小、色泽、焦异物、虫害、霉变等要素，通过闻气味和尝味道来判别原料的纯度等，所以掌握感官检查方法已成为饲料采购人员检查原料的重要方法之一。下面介绍一下感官检查的技术要点。

第一,所购原料应具明显、典型、一致的色泽。

第二,气味清新,并具有所购原料特有的气味(如鱼粉的鱼香味和豆粕的豆香味)。

第三,有水分的原料,水分具流动性;干物质应干燥,无受潮现象。

第四,无发热和异常现象。

第五,质地良好,颗粒粗细均匀、大小适当。

第六,成品原料标签与货样相符。

**(三)仪器检测** 由于感官检查有一定的局限性,所以在大批量的采购中,在感官检查的基础上还应结合仪器检测,这样可避免感官检查中因人而异、个人情绪及主观武断而造成的不确定性。一般检测分析的程序如下。

取样[四分法 1/16(1/4×1/4)]→ 镜检→粉碎→称量→样品处理→ 指标分析 →定性定量分析→ 存样

检测的内容主要是营养成分指标、有害残留和指标数量等。由于检测是保证原料质量的最后把关,所以检测人员对工作一定要细致、认真、负责。

**(四)其他应注意的内容** 为了采购到物美价廉的优质原料,在采购过程中还应注意以下内容。

一是注意所采购原料的质量标准与确定指标,以及不同原料质量和等级分类。

二是掌握原料术语和原料加工过程。

三是清楚原料的产地、品种、厂家和生产时间。

四是清楚原料的贮存性能和原料中各种成分的性能。

五是清楚运输费用和各种交接程序。

六是熟悉原料的包装规格对生产操作的影响。

七是了解某些原料成分之间的协同与互补作用及禁忌要求。

八是了解某些被限制和禁止使用的原料。

九是熟悉国家有关原料质量、用量的法令、法规。

十是要注意进口原料的许可证和进口原料的特征、特性，并且要向出售者索取有关部门的检测报告或质检报告。

## 二、饲料原料的贮存

由于饲料原料的贮存地点、方法和时间都会直接影响原料的质量和稳定性，所以饲料原料贮存已成为饲料加工企业和养殖企业的重要管理内容之一。

**(一)贮存地点** 贮存地点的选择应根据饲料原料的特性，如需要干燥的原料就应贮存在封闭、干燥的仓库。而有些原料不但要求干燥还要求通风，所以仓库除要保证干燥之外，还要考虑到通风的因素。

**(二)贮存时间** 应根据饲料原料的特性和所含的营养成分以及贮存仓库的条件而制定，但总的来说，贮存时间越短越好。如鱼粉即使在较好的环境中贮存，其质量也会因贮存时间的延长而降低；有些蛋白质原料在长时间贮存中，虽然其粗蛋白质含量变化较小，但蛋白质会因此而降解，导致龟鳖消化不良；而维生素贮存的时间越长流失越多，维生素 C 在贮存 2 个月后基本失效。因此，饲料原料的贮存时间应根据原料的特性严格控制。

**(三)重视防害** 饲料原料在贮存过程中应重视防害，如鼠害、虫害等既直接破坏饲料贮存环境，又损害原料质量，其害无穷。

# 第二章　龟鳖饲料的种类、特点与配制原则

## 第一节　龟鳖饲料的种类与特点

这里介绍的龟鳖饲料是指直接或经工业化制作后可以投喂的饲料，主要包括机制配合饲料、手工配合饲料、鲜活动物性饲料和鲜嫩植物性饲料四大类。

### 一、机制配合饲料

机制配合饲料是以鱼粉为主要原料与其他原料配合而成的成品饲料。机制配合饲料的优点是蛋白质含量较稳定，制作工艺较精细，产品易贮存运输，营养基本能满足龟鳖各阶段的生长需要。缺点是许多添加物不明确，维生素性质不稳定，有的盐度略高，单独使用不能完全满足龟鳖特殊生长阶段的营养需要。如在工厂化养殖的全过程和野外池塘养殖的 7～8 月份以及亲龟的交配产卵期，如不添加各个阶段所需的特殊营养物质，往往易出现因某种营养物质不足而引起的腹甲内陷、背甲弯曲、性早熟及互相撕咬等不正常现象。所以，机制配合饲料可作为投喂时的基础饲料，配合比例为 60%～90%。

机制配合饲料因制作方式不同，其物理性状也有区别。下面介绍目前国内较为常用的几种，供参考。

**(一)机制配合粉状饲料**　其优点是应用较为方便，易贮存保管，营养较全面，并可在投喂前根据需要添加各种所需的

物质。缺点是为了保证饲料的黏合性必须配入很大比例的淀粉或黏合剂，这不但增加了成品饲料的成本，也易给龟鳖造成营养性疾病。如在饲料中添加过多淀粉，长期投喂易引起龟鳖的肥胖症和脂肪肝。

**（二）机制配合硬颗粒饲料** 其优点是不但可大大降低配方成本，也能减轻养殖成本，应用方便，便于运输、贮存。缺点是不能在需要时灵活有效地添加所需的物质。目前，针对上述缺点的研究正在进行中，所以硬颗粒饲料仍是今后龟鳖养殖饲料的发展方向。

**（三）机制膨化饲料** 也叫浮性饲料。它是利用很高的压缩比对配合饲料进行挤压，并在挤压过程中进行强力的剪切、揉搓，使配合饲料的温度升至120℃～140℃。饲料中的淀粉在压强较大的挤压腔内糊化成胶状体，而当饲料从模孔挤压出来的瞬间压力骤然降低，从而使饲料体积迅速膨胀。

机制膨化饲料是近代饲料工业的一场革命，已在牛蛙、龟和鱼类饲料中广泛应用。但在龟鳖饲料的应用中，几年前虽有一些企业试验开发，但因缺乏精确的试验数据和应用方法，故到目前还没形成大规模生产。而这正是有实力的饲料企业发展的新机遇，所以尽快研发出龟鳖用膨化饲料并推向市场是饲料企业的当务之急。

**1. 机制膨化饲料的优点** 通过高温处理后的饲料能大大提高消化吸收率，从而提高了饲料的利用率；通过高温杀灭了饲料中的病原菌，避免了龟鳖病从口入的现象；饲料的整体形状较好，大大降低了饲料在水中的散失率，减少了饲料浪费；膨化饲料的浮性可免去饲料制粒和搭建食台等的设备投入，降低了设施和制作成本；配方中可大大降低高价格鱼粉和α-淀粉的比例，而用玉米、面粉等含有植物性蛋白质的饲料替代，可降低20%左右的饲料成本；可避免因淀粉添加过多易诱发龟鳖脂肪肝等营养性疾病而对养殖造成的不利。

**2. 机制膨化饲料的缺点** 在膨化挤压过程中易损失蛋白质中的有效赖氨酸和多种维生素；在养殖过程中无法再添加其他物质；鳖一般多在固定的食台上摄食，而膨化饲料因漂浮流动性强，不利于鳖的采食。所以，到目前为止膨化饲料只应用于工厂化养殖巴西龟。

## 二、手工配合饲料

手工配合饲料是指原料在3种以上，养殖者利用这些原料进行手工配制的饲料。主要适合个体小型养殖户利用本地自然资源结合多种添加剂饲料自行配制。其优点是成本低、饲料新鲜，适口性好，养殖效果也不错。缺点是不易保存，制作工艺相对较麻烦，并要求有稳定的饲料资源。

## 三、鲜活动物性饲料

凡达到无公害食品标准要求的各种海鲜、河鲜(淡水)、动物内脏、各种肉类、新鲜的奶和蛋，无公害培育养殖的黄粉虫、蚯蚓、蝇蛆，蚌类、螺类、大型水蚤等都可直接投喂龟鳖或作为配合饲料的配比成分。

鲜活动物性饲料的优点是营养丰富，适口性好，易消化吸收，在以机制配合饲料为主的人工配合饲料中添加一定的比例，有改进饲料适口性、促进生长和提高产品质量的作用。鲜活动物性饲料的缺点是不易保存、易变质，故在应用时须做到现采现用。鲜活动物性饲料的添加比例为10%～40%。

**(一)水生浮游动物类饲料** 主要是指水生浮游动物中的水蚤，它们是龟鳖苗最好的开口饲料。由于水蚤营养全面加之适口性好，对刚出壳的龟苗和鳖苗培育具有十分重要的意义(表 2-1)。水生浮游动物大多可在自然水域中捞取，特别是龟鳖养殖池塘中，无论是温室还是外塘数量都很多，当然也可进行人工培育。

**表 2-1 水蚤类饲料的营养成分** (%)

| 蚤类名称 | 粗蛋白质 | 粗脂肪 | 碳水化合物 | 粗纤维 | 粗灰分 |
|---|---|---|---|---|---|
| 鳔水蚤 | 64.78 | 8.61 | 12.6 | 8.58 | 5.9 |
| 剑水蚤 | 59.81 | 19.81 | 4.58 | 10.07 | 5.74 |
| 薄皮蚤 | 56.5 | 5.88 | 12.51 | 8.8 | 11.31 |
| 美女蚤 | 36.38 | 25.19 | 25.19 | 14.6 | 19.4 |

**(二)人工养殖的动物性饲料** 主要是指一些食用动物的肉及屠宰副产品以及专门为龟鳖而养殖的饲料动物(如各种饵料鱼和蚯蚓、黄粉虫、蝇蛆、螺等)。这些饲料既可直接投喂，也可打成浆或制成肉糜按一定比例添加到配合饲料中投喂，不但营养丰富，而且适口性也好，很适合放养初期进行诱食和繁殖阶段的补充。常用鲜活动物性饲料的营养成分见表 2-2，表 2-3 和表 2-4。

**表 2-2 常用鲜活动物性饲料的营养成分** (100 克内含量)

| 品　种 | 水分(克) | 粗蛋白质(克) | 粗脂肪(克) | 碳水化合物(克) | 粗灰分(克) | 钙(毫克) | 磷(毫克) | 产　地 |
|---|---|---|---|---|---|---|---|---|
| 牛　肝 | 67.1 | 22 | 5.1 | 3.5 | 1.7 | 9 | 344 | 北京市 |
| 牛　肉 | 70.1 | 20.5 | 9.9 | — | 1.3 | 3 | 0 | 河北省 |
| 猪　肝 | 70.8 | 12.2 | 1.3 | 14.2 | 1.5 | 12 | 365 | 北京市 |
| 猪肉(瘦) | 74 | 18.1 | 2.4 | 3.5 | 1.9 | — | — | 福建省 |
| 猪　血 | 61.9 | 18.2 | 14.9 | 3.8 | 1.2 | 44 | 108 | 北京市 |

续表 2-2

| 品　种 | 水分（克） | 粗蛋白质（克） | 粗脂肪（克） | 碳水化合物（克） | 粗灰分（克） | 钙（毫克） | 磷（毫克） | 产　地 |
|---|---|---|---|---|---|---|---|---|
| 鸡　肝 | 74 | 16.7 | 4.5 | 3.5 | 1.3 | 4 | 216 | 安徽省 |
| 鸡　肉 | 64.5 | 21.7 | 14 | — | 0.8 | 15 | 144 | 浙江省 |
| 鸭　肝 | 71.9 | 15 | 2.5 | 9.2 | 1.4 | 4 | 159 | 安徽省 |
| 鸭　肉 | 56.9 | 16.3 | 26 | — | 0.8 | 13 | 124 | 浙江省 |
| 草　鱼 | 79.1 | 16.9 | 3 | 0 | 1 | 38 | 167 | 江西省 |
| 带　鱼 | 73.6 | 18.9 | 6.4 | 0.1 | 1 | 56 | 191 | 浙江省 |
| 鲫　鱼 | 78 | 17.4 | 1.3 | 2.5 | 0.8 | 64 | 197 | 北京市 |
| 鲤　鱼 | 77.7 | 19.4 | 1.3 | 0.3 | 1.3 | 37 | 23 | 河北省 |
| 鲢　鱼 | 57.1 | 20.9 | 4.9 | 0 | 0.9 | 46 | 199 | 上海市 |
| 泥　鳅 | 74.2 | 21 | 1.2 | 1.7 | 1.9 | 168 | 327 | 安徽省 |
| 鳙　鱼 | 74.5 | 21.4 | 3.2 | 0 | 1.2 | 113 | 215 | 湖北省 |
| 河　虾 | 82.5 | 13.2 | 1.6 | 0 | 4.7 | 356 | — | 安徽省 |
| 草　虾 | 74 | 21.2 | 1.2 | 0 | 3.6 | 403 | 233 | 安徽省 |
| 河　蚌 | 89.8 | 6.8 | 0.6 | 0.8 | 2 | 39 | 127 | 上海市 |
| 螺　蛳 | 80.1 | 11.4 | 0.7 | 4.1 | 3.7 | — | 98 | 上海市 |

表 2-3　福寿螺干粉营养成分　（%）

| 营养成分名称 | 含　量 | 营养成分名称 | 含　量 | 营养成分名称 | 含　量 |
|---|---|---|---|---|---|
| 干物质 | 88.7 | 粗灰分 | 13.6 | 蛋氨酸 | 1.15 |
| 粗蛋白质 | 59.6 | 钙 | 3.12 | 胱氨酸 | 0.51 |
| 粗脂肪 | 8.9 | 磷 | 2.8 | 色氨酸 | 1.23 |
| 无氮浸出物 | 3.9 | 赖氨酸 | 4.35 | 组氨酸 | 1.43 |

表 2-4 田螺营养成分含量 (每 100 克田螺鲜品)

| 营养成分名称 | 含量 | 营养成分名称 | 含量 | 营养成分名称 | 含量 |
|---|---|---|---|---|---|
| 粗蛋白质 | 18.2 克 | 铁 | 22 毫克 | 维生素 A | 0.6 毫克 |
| 粗脂肪 | 0.6 克 | 钙 | 1357 毫克 | 维生素 B | 0.4 毫克 |
| 热 能 | 69 千卡 | 磷 | 191 毫克 | | |

## 四、鲜嫩植物性饲料

鲜嫩植物性饲料是指无公害种植的新鲜瓜、果、菜、草,其既是配合饲料的原料,也有许多可以直接投喂。如许多水果和蔬菜不但是龟鳖的添加料,还是一些观赏龟的主料。下面介绍一下龟鳖常用鲜嫩植物性饲料的营养成分及其应用。

### (一)蔬 菜 类

**1. 菠菜** 鲜菠菜全株富含胡萝卜素、维生素 C、叶酸、草酸、蛋白质、微量元素等。菠菜中的粗纤维可促进动物消化道运动,起到帮助消化吸收的作用。最近的医学研究还发现菠菜中含有辅酶 $Q_{10}$ 和维生素 E,具有提高机体免疫力和增强抗病力的作用。

菠菜味甘,性凉,具有养血、止血、通利肠胃、健脾和中的功效。菠菜作为鲜嫩饲料添加能提高龟鳖的抗病能力和促进消化吸收,增进食欲,促进生长。特别是在亲鳖产前添加,可提高亲鳖的受精率。其用法、用量为:将鲜品打成菜汁,按当日干饲料量 8%的比例拌入饲料中投喂,每月使用 10 天。

**2. 白菜** 含有多种维生素和矿物质,此外还有蛋白质等营养物质。研究表明,白菜汁有较好的解毒作用。

白菜味甘,性平,具有补中、消食、利尿、通便、清肺等功效。白菜既可用于解毒，又可作为营养剂。由于其含有丰富的维生素，可在防治鳖赤板病和白板病以及龟烂肠病时作为辅助治疗的添加物，可起到很好的增效作用。用法、用量为：以干饲料量10%的比例，榨汁添加于饲料中投喂。平时也可作为营养剂添加，以当日干饲料量5%的比例榨汁添加。

**3. 卷心菜** 含葡萄糖、芸薹素、酚类和多种维生素，特别是含有丰富的维生素U，这种维生素对消化道有很好的保护作用。

卷心菜味甘，性平，具有保护消化道、补充骨髓的功效。在龟鳖养殖中，既可防治消化道疾病，又可作为营养剂添加以促进龟鳖的生长。用法、用量为：以当日干饲料量5%～10%的比例，打成菜浆拌入饲料中投喂。

**4. 空心菜** 含有大量的维生素(如胡萝卜素、维生素C和B族维生素)，特别是嫩梢中含量最多。另外，还含有蛋白质、碳水化合物、矿物质等营养物质。

空心菜味甘，性寒，具有凉血止血、润肠通便、消肿去瘤、清热解毒的作用。由于其含有丰富的维生素，所以在防治鳖赤板病、白板病和龟烂肠病时有明显提高疗效的作用。此外，平时也可作为营养剂长期添加。用法、用量为：辅助治疗时以当日干饲料量15%的比例，榨汁后拌料投喂，连用10天；平时添加则以干饲料量5%的比例榨汁添加。

**5. 大蒜** 含有无气味的蒜氨酸，易溶于水并对热稳定。大蒜在粉碎时，在蒜酶的作用下生成蒜辣素。蒜辣素为二烯丙基二硫单氧化物，是有效的抗菌成分，但其性质极不稳定。在大蒜精油中还有一种成分为二烯丙基化三硫醚，命名为大蒜新素，目前已可人工合成，合成产品名为大蒜素。大蒜素对热和光都较稳定，也是较好的抗菌成分。此外，大蒜中还含有甲基烯丙基三硫化物和一些酶与肽等的化合物。

研究表明,大蒜油中的二丙烯基二硫化物对含巯基的酶有抑制作用,能增强脂酶的活性,促进脂肪酸水解。同时,还抑制脂肪酸的合成而起到降脂作用。大蒜中的挥发油对四氯化碳所致的肝细胞毒有拮抗作用,其中主要的作用成分为蒜氨酸。研究还发现,大蒜能增强肝细胞内谷胱甘肽 S-转移酶的活性而提高肝脏的解毒作用。

另外,大蒜辣素和大蒜新素对消化道癌症和白血病有强烈的抑制作用。大蒜浸出液或大蒜汁对痢疾杆菌、伤寒杆菌、大肠杆菌、葡萄球菌等细菌有显著的杀灭作用,对多种真菌也有较强的抑制和杀灭作用。此外,大蒜中的有效成分还可杀灭寄生虫,内服后还有抗病毒的作用。

大蒜对动物体有以下几点不良反应:一是具有杀死精子作用,其中动物比人类更为敏感。二是具有溶血作用,可抑制红细胞合成,引起溶血而导致贫血。三是具有刺激作用。笔者曾用 2%大蒜浸泡液浸泡患有白点病的平均个体重 50 克以下的鳖苗,结果不到 20 分钟鳖苗全部死亡。内服大蒜对小动物消化道的刺激也很强,即使给小白鼠小剂量内服,解剖时亦可见消化道黏膜严重充血,大剂量内服则会造成胃出血死亡。

大蒜味辛,性温,具有行滞气、暖脾胃、消积、解毒、杀虫等功效。

应用方法:鳖种、龟种阶段(51～250 克)每月内服10～15 天,用量为当日干饲料量的 0.2%～0.5%;养成阶段(250 克以上)每月内服 10～20 天,用量为当日干饲料量的 0.5%～0.8%。值得注意的是,大蒜素用前一定要充分预混,添加时要搅拌均匀,制作时鲜品应避免高温和强光,以免影响药效。

**6. 番茄** 含有多种维生素，其中维生素C因番茄带酸性而不会被热所破坏。番茄中的烟酸有保护动物皮肤健康、维护消化液正常分泌和促进红细胞形成的作用。番茄中还有一种抗癌物质叫做谷胱甘肽，当动物体内谷胱甘肽的含量上升时，就不易产生癌症。此外，番茄中的柠檬酸和苹果酸及糖类，也有帮助消化吸收和促进生长的作用。而番茄中的番茄素则有较强的抑菌作用。

番茄味甘、酸，性凉，具有清热生津、凉血消肿的功效。在龟鳖的疾病防治中，番茄可预防多种维生素缺乏症（如烂眼病、白眼病、烂脚病等），也可起到抗菌消炎的作用。所以，在平时的饲料中经常添加，既可起到补充营养、促进生长的作用，又可起到防病作用。特别是在发生暴发性疾病（如赤板病、白板病）时，作为辅助治疗的添加物，有很好的协同作用。添加量为：以干饲料量5%～10%的比例，打浆拌入饲料中投喂。如能长期添加，效果更好。

**7. 辣椒** 含有丰富的蛋白质、维生素，其中胡萝卜素和维生素C含量最多。辣椒还含辣椒碱、辣椒红色素、龙葵苷等有效成分。其中辣椒红色素能刺激心脏跳动，加快血液循环，从而起到增进食欲和促进生长的作用。

辣椒味辛，性温，具有散瘀止痛、解毒消肿的功效。内服可促进龟鳖的消化吸收。干品添加量为以干饲料量0.2%～0.3%的比例，煎汁拌入饲料中，每月投喂7天。外用有杀虫抑菌的作用，可防治龟鳖的腐皮病，用时与其他中药配合效果更好。用量为：每立方米水体用5克，煎汁泼洒2天。

**8. 萝卜** 含有丰富的蛋白质和碳水化合物，还有能分解食物的糖化酵素和淀粉酶。萝卜块根的醇提取物有较好的抗菌作用。最近的研究还表明，萝卜有较好的抗癌作用。

萝卜既可作为帮助消化吸收促进生长的营养物质，同时也有较好的防病作用，可防治龟鳖的脂肪肝等。萝卜最好鲜用，用量为当日干饲料量的6%～10%，打成浆拌入饲料中，每月投喂10天。

**9. 胡萝卜** 含有碳水化合物、蛋白质和多种维生素，其中以胡萝卜素含量最多。与其他果蔬相比，胡萝卜中胡萝卜素的含量相当于苹果的35倍、芹菜的36倍、柑橘的23倍、番茄的100倍。胡萝卜素在动物体内可转化为维生素A，所以胡萝卜素也被称为维生素A原。维生素A能保护动物上皮细胞结构和功能的完整性。胡萝卜素还有抗氧化作用，所以它是一种很好的防病抗癌物质。

在龟鳖疾病防控中，胡萝卜有防治龟鳖的烂眼病和腐皮病的作用。如通过对比，饲料中长期添加一定比例胡萝卜的龟鳖，养殖死亡率可减少5%以上。因此，胡萝卜是一种既安全卫生又经济有效的防病添加物。

目前，消费者很喜欢像野生鳖一样腿部脂肪是奶黄色或金黄色的鳖，其售价也要比一般的鳖高出许多。野生鳖腿部脂肪发黄的原因是鳖在野生环境中大量吞食植物性饲料，这些品种多样的植物性饲料中不但含有鳖所需的蛋白质等主要营养物质，还有各种维生素和能使鳖的脂肪逐渐变黄的类胡萝卜素。因此，类胡萝卜素长期积累，逐渐使野生鳖腿的脂肪变黄。目前，有个别养鳖企业为了达到使鳖脂变黄的目的，在快速养殖中采取添加着色剂的手段使鳖的腿脂在较短时间内变黄，不但成本高，而且对食用者健康有不利影响，因此在生产中不提倡使用本法。我们可以通过在常规鳖饲料中添加一定比例的胡萝卜，使鳖在整个生长期中有规律地获取天然胡萝卜素，并经过积累使鳖脂形成自然的黄色。

胡萝卜的添加方法，可根据龟鳖不同生长时期的当日摄食量按比例添加。根据笔者的经验，龟鳖苗种培育阶段，可按当日干饲料量的10%添加；养成阶段可按当日干饲料量的5%添加。胡萝卜在应用时须煮熟后再打成浆拌入饲料中，因为胡萝卜加热后的吸收利用率可高达83%以上，而生食的吸收利用率还不到10%。

**10. 生姜** 含有丰富的姜辣素、天门冬素、淀粉和各种氨基酸。同辣椒一样，生姜中的姜辣素能加快动物体的血液循环，增强机体新陈代谢，从而起到促进生长的作用。生姜汁还有抑制真菌的作用。

治疗龟鳖体表感染时与其他药物合用，可起到通透表皮的作用，但不可用来预防疾病。每立方米水体可用5～8克干品，煎汁泼洒。内服具有增进食欲，防病促长的作用，用量可按干饲料量0.5%的比例，煎汁添加，通常每月投喂7天。

**(二)瓜果类**

**1. 西瓜** 富含碳水化合物、蛋白质、氨基酸、苹果酸、番茄素、维生素C等物质。西瓜中的糖有很好的解毒作用，而苹果酸有很好的适口性。

西瓜有利尿解毒的功效，可用来预防龟鳖的水肿病和水中毒症。治疗时用鲜品，以干饲料量8%～10%的比例，榨汁拌入饲料中投喂。预防时则用5%的比例。

**2. 苹果** 富含苹果酸、蛋白质、碳水化合物、奎宁酸、酒石酸、鞣酸及各种维生素。研究表明，苹果有补脑补血、安眠、解毒的作用。

苹果味甘、微酸，性凉，具有生津止渴、健脾止泻的功效。平时添加可预防维生素缺乏症，在治疗时添加可起到提高治疗效果的作用。预防时以当日干饲料量7%的比例，榨汁添加；治疗时以10%～12%比例添加。

**3. 橘** 含丰富的维生素C、维生素A、蛋白质、碳水化合物，还含有丰富的枸橼酸。橘皮还含橙苷、柠檬酸、柠檬萜等有效成分。橘中的维生素C有很好的抗氧化作用。维生素C也叫抗坏血酸，有协同治疗各种感染症的作用。

橘味甘、酸，性温，具有疏肝理气、消肿解毒的功效。其皮晒干后即为陈皮，可起到帮助消化、增进食欲的作用。每月添加10天，可促进生长。用量为：以当日干饲料量1%，煎汁拌入饲料中投喂。鲜橘榨汁添加，可提高免疫力，增强抗病能力，添加量按干饲料量的5%～7%添加。但应注意的是，橘中的有机酸能刺激消化道黏膜，所以对体重在50克以下的龟鳖苗应少用或不用。

**4. 梨** 含丰富的有机酸、葡萄糖、蛋白质和各种维生素，这些物质具有营养和解毒的作用。

梨味甘、微酸，性凉，具有生津止渴、解毒的功效。如当龟鳖氨中毒时可作为解毒剂与葡萄合用榨汁以干饲料量的10%～15%，拌料投喂，有较好的解毒与恢复体质的效果。平时添加可补充B族维生素，从而达到防病目的。用量为：按当日干饲料量的5%，榨汁添加。

**5. 大枣** 含丰富的B族维生素、维生素C、维生素P，还含有碳水化合物、有机酸和微量元素，可保护动物肝脏，增强动物体能，同时还有补血的作用。

大枣味甘，性平，具有利血养神、解毒和胃的功效。特别是在龟鳖苗种阶段添加，可增进龟鳖苗种食欲，促进生长，提高机体免疫力。添加时干品用量以干饲料量的3%，煎汁拌料投喂，每月添加10天。

**6. 猕猴桃** 富含各种维生素，其中维生素C是苹果的

20倍。此外，还含有丰富的碳水化合物、蛋白质和微量元素。猕猴桃有防治肝炎的作用。常食猕猴桃，还可避免致癌物质亚硝酸胺的产生。

猕猴桃味甘、酸，性寒，具有生津和胃的功效。在龟鳖疾病防治中，平时适当添加可预防温室龟鳖的肝病。在治疗感染性疾病时，可作为补充维生素C的辅助性添加物，可大大增强治疗效果。平时可用鲜品，按干饲料量的5%，榨汁添加。治疗疾病时按干饲料量的8%，榨汁添加7天。

**7. 山楂** 含碳水化合物、蛋白质、多种维生素、酚类、黄酮类化合物、苹果酸等有效成分。山楂所含的黄酮类化合物是一种较好的抗癌物质，而焦山楂的炭化部分在消化道内能吸附腐物和细菌产生的毒素，故可起到收敛作用。

山楂味酸、甘，性温，具有开胃消食、收敛杀菌的功效，适量添加具有增进食欲、预防龟鳖疾病、促进生长的作用。在治疗感染性疾病时适当添加还有增强治疗效果的作用。平时添加按干饲料量的1%，煎汁拌入饲料中，每月连喂10天。治疗疾病时按干饲料量的3%，煎汁拌入饲料中，连喂7天。

**8. 菠萝** 含碳水化合物、多种维生素和有机酸。菠萝果汁中还含有菠萝朊酶，这种物质能在消化道内分解蛋白质，故有促进蛋白质饲料消化吸收的作用。菠萝还有消水肿和抗炎的作用，故在治疗感染性疾病时与抗生素合用，有提高疗效的作用。

菠萝既可作为营养物质添加也可辅助治疗疾病，特别是在预防龟鳖消化道疾病和肝病时添加，辅助治疗效果极好。平时添加可用鲜果按当日干饲料量的5%，榨汁添加。治疗疾病时按当日干饲料量的8%，榨汁添加。

**9. 草莓** 富含碳水化合物、维生素、氨基酸、柠檬酸、苹果酸和微量元素，是一种低热能、高营养的滋补佳品，故有果中皇后之称。

草莓具有生津健脾的功效。在龟鳖疾病防治中，对暴发性疾病，如鳖的赤板病、白板病和腐皮病的辅助防治，有很好的效果。添加鲜果，用量以当日干饲料量5%～8%的比例榨汁拌入饲料中投喂。有条件的可用鲜果以当日干饲料量5%的比例，每月添加10天。

**10. 葡萄** 富含葡萄糖和多种维生素，特别是维生素C和维生素P含量丰富，有很好的营养和解毒作用。

葡萄味甘、微酸，性平，具有补肝益肾、利尿解毒的功效，可预防龟鳖的水中毒和非寄生性肝病，平时适量添加可提高龟鳖的抗病力。平时用鲜品，以当日干饲料量5%的比例榨汁添加。辅助治疗时用鲜品，以当日干饲料量10%的比例榨汁拌入饲料中，连喂7天。

**11. 香蕉** 富含蛋白质、碳水化合物、脂肪、钙、磷、铁、钾及B族维生素、维生素C、维生素E、维生素P和胡萝卜素等营养物质，含盐量极少，而且不含胆固醇。

香蕉味甘，性寒，无毒，具有通血脉、解毒填精和补养的作用，还有降压消炎的作用。由于其味道甜绵，所以是陆栖龟类的良好饲料。

**12. 木瓜** 富含皂苷、黄酮类化合物、维生素C、苹果酸等，还含有氧化酶和鞣质果胶等有效成分。

木瓜味酸、涩，性温，具有和胃消食、舒筋活络的功效。现代医学还发现，木瓜中有一种叫酵素的有效成分，能充分消化蛋白质，有帮助消化吸收的作用，是陆栖龟类的良好饲料。

**13. 冬瓜** 富含腺嘌呤、胡芦巴碱、组氨酸、B族维生素、维生素C、维生素E和钾等营养物质。

冬瓜味甘、淡，性微寒，无毒，具有利水、消炎、清热、解毒之功效，是龟鳖的良好饲料。于生长旺季在饲料中添加2%～5%的冬瓜浆，有防病促长的作用。

**14. 南瓜** 富含碳水化合物、淀粉、蛋白质、脂肪、钙、磷、维生素 A、B 族维生素、维生素 C 等营养物质。

南瓜性温，味甘，无毒，具有润肺、益气的功效。由于口味甜美，陆栖龟类较喜食。

**15. 黄瓜** 富含蛋白质、脂肪、碳水化合物、钙、磷、铁、B 族维生素等营养物质。

黄瓜味甘，性寒，无毒，具有清邪热、生津液的功效。黄瓜可口味美，是陆栖龟类的良好饲料。

**(三)鲜草类** 是农村野外龟鳖养殖场最易采摘的原料。一般可根据鲜草的生长季节定时采集，采集后洗净就可直接打浆拌入饲料中应用。

**1. 马齿苋** 别名马蛇菜、长寿菜、酱瓣苋、猪母菜等。为马齿苋科草本植物，我国各地均有分布。马齿苋全草含丰富的蛋白质、脂肪、碳水化合物，还含有钙、磷、铁、胡萝卜素、维生素 $B_1$、维生素 $B_2$、烟酸等营养成分。除营养成分外，马齿苋还含有左旋去甲肾上腺素、儿茶酚、皂苷、鞣质、黄酮类化合物、蒽醌类化合物等有效成分。研究表明，马齿苋中丰富的维生素 A 样物质能促进损伤的上皮细胞生理功能趋于正常，并能促进溃疡面的愈合。马齿苋中的有效化学成分有很强的抗细菌和抗皮肤真菌作用。此外，马齿苋还有较好的止血和促进肠道蠕动作用。在龟鳖的养殖生产中，马齿苋不但是良好的饲料，也是预防龟鳖疾病的良好中药，可治疗鳖的腐皮病、龟的肠炎病等。

**2. 荠菜** 别名粽子菜、荠荠菜、地菜等。为十字花科植物，我国各地均有分布。每千克荠菜中含蛋白质42克、碳水化合物48克、脂肪3.2克、粗纤维11克、钙3.36克、磷0.58克，还含有B族维生素、维生素C、胡萝卜素等营养成分。荠菜还含有丰富的布枯苷、柠檬酸、荠菜酸、胆碱、酪胺、原儿茶酸、苹果酸、枸橼酸、反丁烯二酸、甘露醇、肌醇等有效化学成分，其中荠菜酸有明显的止血作用，可缩短动物的凝血时间。此外，荠菜还有修复消化道炎症溃疡面的作用，并能加快糜烂性溃疡的愈合，对预防鳖出血性肠炎有较好的效果。

**3. 败酱草** 别名黄花败酱、龙芽败酱、黄花龙芽等。为败酱科植物，主要分布于我国的东北、华北、华东、华中、华南地区及西南的一些省份。败酱草含有丰富的蛋白质、无氮浸出物和多种维生素等，还含有挥发油和多种皂苷，其中的败酱皂苷由齐墩果酸和鼠李糖、葡萄糖、阿拉伯糖、半乳糖、木糖等组成。败酱草还含有鞣质和生物碱等化学成分，有促进龟鳖肝细胞再生，改善肝功能的作用。败酱草浸出液还有较强的抗菌作用，特别是对金黄色葡萄球菌、福氏痢疾杆菌、伤寒杆菌、绿脓杆菌、大肠杆菌有抑制和杀灭作用。在龟鳖疾病防治中，外用可防治龟鳖的白点病、腐皮病、疥疮病，内服可防治龟鳖的肝病和出血病。

**4. 鱼腥草** 别名侧耳草、猪鼻孔、鱼鳞草。为三白草科植物，分布于我国江南及西藏等地。据测定，1 000克鱼腥草干粉中含粗蛋白质98克、粗脂肪20克、无氮浸出物390克、钙52克、磷31克，并含多种维生素。鱼腥草还富含挥发油、蕺菜碱、钾盐、鱼腥草素、异槲皮苷等化学成分。鱼腥草干品煎剂和鲜草对溶血性链球菌、肺炎球菌、大肠杆菌、伤寒杆菌等病原菌均有较强的抑制作用。鱼腥草挥发油对真菌也有较好的抑制作用。此外，鱼腥草还有提高机体免疫力和止血的作用。但因鱼腥草含有微量毒性，故在内服时应控制用量，否则会引发肠道不适反应而影响摄食，因此在龟鳖的稚苗阶段尽量不要内服。在龟鳖的疾病防治中，外用可防治白点病、白斑病、腐皮病、疥疮病和水霉病，内服可防治肠炎病和出血病。

**5. 穿心莲** 别名一见喜、苦草、四方草等。为爵床科植物，全国各地均有分布。穿心莲除含有蛋白质和多种维生素等营养物质外，还富含穿心莲内酯、穿心莲烷、穿心莲蜡、穿心莲酮、穿心莲甾醇、氯化钾、氯化钠、生物碱等有效化学成分。穿心莲煎剂对多种革兰氏阳性菌和革兰氏阴性菌有较强的抑制作用，如金黄色葡萄球菌、绿脓杆菌、溶血性链球菌和痢疾杆菌等。穿心莲还可促进白细胞的吞噬作用。在龟鳖的疾病防治中，可用于防治苗种培育阶段常发的白斑病、白点病和白眼病，也可用于防治赤板病、白板病和肠炎病。

穿心莲味道特苦，建议对规格在 30 克以内的龟鳖苗种尽量不单用该草内服，以免影响食欲。

**6. 蒲公英** 别名婆婆丁、黄花地丁、奶汁草等。为菊科植物，我国各地均有分布。蒲公英每 100 克鲜草中含粗蛋白质 3.3 克、粗脂肪 1 克、无氮浸出物 5.2 克，还含有多种维生素。蒲公英干粉中含粗蛋白质 20.4%、粗脂肪 5%、无氮浸出物 24.4%。此外，蒲公英根中含有蒲公英甾醇、蒲公英苦素及咖啡酸等，全草含肌醇、天冬酰胺、苦味素、皂苷、树脂、菊糖、果胶、胆碱、黄呋喃素和 B 族维生素等有效化学成分。蒲公英水煎剂对多种病原菌有较强的抑杀作用，对常见致病性皮肤真菌也有较强的抑制作用。蒲公英水浸剂有很好的利胆作用。最近研究报道，蒲公英有较好的抗癌作用。在龟鳖疾病防治中主要用来防治腐皮病、水霉病、疥疮病和肝炎病。

**7. 地锦草** 别名铺地红等。为大戟科植物，我国各地均有分布。地锦草除含有蛋白质和多种维生素外，还含有黄酮类化合物和没食子酸等。地锦草煎剂有较好的抗菌和止血作用，故又名血见愁。此外，地锦草中的有效成分还有中和毒物的作用。在龟鳖的疾病防治中，内服可防治各种出血症和肠炎，外用可防治腐皮病、白点病和疖疮病。

**8. 铁苋菜** 别名野麻草、叶里含珠等。为大戟科植物，我国各地均有分布。铁苋菜鲜草含粗蛋白质1.9%、粗脂肪1.3%、无氮浸出物44.8%及多种维生素等营养物质。全草还富含铁苋菜碱、水解鞣质、黄酮类化合物、酚类化合物等有效成分。铁苋菜煎剂有较强的抗菌作用，特别是对金黄色葡萄球菌、变形杆菌、绿脓杆菌、伤寒杆菌、痢疾杆菌有较好的抑制作用。此外，铁苋菜还有较好的止血作用。在龟鳖疾病防治中，外用可防治疖疮病、白点病，内服可预防肠道出血病和鳖的赤板病、白板病。

**9. 半边莲** 别名细米草、长虫草、半边花等。为桔梗科植物。半边莲除含有蛋白质、无氮浸出物和多种维生素外，还含有山梗菜碱、山梗菜酮碱等生物碱和皂苷、黄酮类化合物等有效成分。半边莲具有较好的止血、抗菌和抗癌作用，在龟鳖的疾病防治中，可用来防治疖疮病、腐皮病、肝性水肿以及鳖的赤板病、白板病。

**10. 连钱草** 别名活血丹、金钱草、透骨消等。为唇形科植物，我国各地均有分布。连钱草全草含蛋白质和多种维生素等营养物质，还含有挥发油、水苏糖、熊果糖、胆碱、鞣质、无机盐等。具有利胆作用，可促进胆汁分泌，故有间接帮助消化脂肪的作用。此外，连钱草还有较好的抗菌作用。在龟鳖疾病防治中可预防脂肪肝，而脂肪肝也是我国目前影响龟鳖成活率和产品质量的几大疾病之一。

**11. 地耳草** 别名田基黄、黄花草、对叶草等。为金丝桃科植物，我国西南、华东、华南诸省均有分布。地耳草含蛋白质、脂肪、无氮浸出物和多种维生素，还含有内酯、香豆精、酚类、蒽醌、黄酮苷、氨基酸、鞣质等有效化学成分。地耳草煎剂有较强的抗菌作用，对肝炎、肝硬化及痈疥肿毒有较好的防治作用。在龟鳖疾病防治中，内服可预防非寄生性肝病和肠道出血病。

**12. 旱莲草** 别名墨旱莲、乌心草、水旱莲等。为菊科植物，我国东北、华北、华东、西南等地均有分布。夏、秋季采集，可鲜用，也可洗净晒干打成草粉，草粉细度要求过 80 目筛。旱莲草含蛋白质、脂肪和多种维生素等营养物质，还含有挥发油、鞣质、皂苷等有效化学成分，具有较好的止血作用。

## 第二节 龟鳖饲料的配制原则

### 一、安全卫生

由于龟鳖是高档的美食补品，国家对它的安全卫生要求特别严格。所以，在饲料配制和生产过程中，要严格遵照国家的有关规定，否则就不能用于饲养龟鳖。为此，将最近国家和行业的有关渔用配合饲料的安全卫生标准归纳如下。

**(一)配合饲料的原料要求** 加工渔用饲料不得使用受潮、发霉、生虫、腐败变质及受到石油、农药、有害金属等污染的原料；大豆原料应经过破坏蛋白酶抑制因子的处理；鱼粉的质量应符合国家标准《鱼粉》(GB/T 19614—2003)中的规定；不得用非蛋白氮和角质蛋白做原料；饲料中添加药物应符合《饲料药物添加剂使用规范》和《禁止在饲料和饮用水中使用的药物品目录》中的相关规定。

**(二)配合饲料的安全限量** 根据《无公害食品 渔用配合饲料安全限量》(NY 5072—2002)规定要求,龟鳖配合饲料的安全限量详见表2-5。

**表2-5 龟鳖配合饲料安全限量**

| 项 目 | 限 量 | 适用范围 |
| --- | --- | --- |
| 铅(以Pb计)/(毫克/千克) | ≤5 | 各类渔用饲料 |
| 汞(以Hg计)/(毫克/千克) | ≤0.5 | 各类渔用饲料 |
| 无机砷(以As计)/(毫克/千克) | ≤3 | 各类渔用饲料 |
| 镉(以Cd计)/(毫克/千克) | ≤0.5 | 渔用配合饲料 |
| 氟(以F计)/(毫克/千克) | ≤350 | 各类渔用饲料 |
| 游离棉酚/(毫克/千克) | ≤300 | 杂食性鱼类饲料 |
| 氰化物/(毫克/千克) | ≤50 | 各类渔用饲料 |
| 多氯联苯/(毫克/千克) | ≤0.3 | 各类渔用饲料 |
| 异硫氰酸酯/(毫克/千克) | ≤500 | 各类渔用饲料 |
| 噁唑烷硫酮/(毫克/千克) | ≤500 | 各类渔用饲料 |
| 黄曲霉毒素$B_1$/(毫克/千克) | ≤0.01 | 各类渔用饲料 |
| 六六六/(毫克/千克) | ≤0.3 | 各类渔用饲料 |
| 滴滴涕/(毫克/千克) | ≤0.2 | 各类渔用饲料 |
| 沙门氏菌/(cfu/25克) | 不得检出 | 各类渔用饲料 |
| 霉菌(不含酵母菌)/(cfu/克) | ≤$3\times10^4$ | 各类渔用饲料 |
| 铬(以Cr计)/(毫克/千克) | ≤10 | 各类渔用饲料 |
| 油脂酸价(KOH)/(毫克/克) | ≤2 | 渔用育苗饲料 |
| 三聚氰胺 | 不得检出 | 渔用育成饲料 |

注:此表只限于淡水鱼配合饲料(含龟鳖)

## 二、营养结构合理

### (一)目前饲料配制中存在的不良现象

**1. 蛋白质过高或过低** 由于鱼粉等饲料原料价格上涨,人们试图从龟鳖饲料中的蛋白质含量寻找突破口。于是出现两种不同的观点:一种认为龟鳖是一种高蛋白质需求动物,其饲料中粗蛋白质含量必须很高;另一种观点则认为龟鳖饲料中蛋白质含量太高既对龟鳖的生长不利,又浪费蛋白质资源。其实国内外有许多学者对龟鳖不同阶段生长与繁殖的蛋白质需求做了许多的研究,基本认为龟鳖苗阶段饲料粗蛋白质含量应不低于46%,龟鳖种阶段不低于43%,养成阶段不低于42%,是既对龟鳖的生长繁殖比较合适,又不造成浪费的比例。但因蛋白质的质量和原料新鲜度的差异,会对蛋白质的利用率有一定的影响。如鱼粉新鲜度与植物性蛋白质的生熟度都会对饲料的适口性和利用率产生影响,所以应注意的是如何把好质量关的问题。

**2. 植物性蛋白质含量过高** 很多研究表明,龟鳖对动物性蛋白质的利用率高于植物性蛋白质,所以龟鳖饲料中一般以动物性蛋白质为主。但因为动物性蛋白质中缺乏蛋氨酸,而植物性蛋白质中蛋氨酸的含量很高,所以有一定比例的植物性蛋白质不但可以平衡营养,还可降低配方成本。近年来,一些饲料企业为了降低配方成本,用高比例的植物性蛋白质替代动物性蛋白质,有的甚至把优质白鱼粉的比例从50%以上降至30%,笔者认为这对龟鳖的生长是不利的。当然我们不反对通过加工处理提高植物性蛋白质利用率后替代少部分动物性蛋白质的做法,如膨化大豆、酶解玉米蛋白等。但动物性蛋白质中的某些必需氨基酸是一般植物性蛋白质无法替代的，如赖氨酸等。

**3. 淀粉含量过高** 在龟鳖饲料中，淀粉主要是作为稳定制成品在应用时的黏弹性而加入的，目的是减少饲料在投喂过程中的散失率。最初龟鳖饲料的制作配方几乎模仿鳗鱼饲料，所以淀粉含量过高这一现象一直被人们所忽视，到目前为止配合饲料中的淀粉比例仍在20%以上。而对于龟鳖来说，淀粉如果除去黏弹作用，在营养上只是一种单纯的能量饲料，比例过多会给龟鳖的生长带来严重的不良影响，如生长到后期会产生严重的脂肪肝等。因此，笔者建议在改变投喂方法为水上投喂的基础上，饲料中淀粉的比例应降至15%以下(特别是膨化饲料)，不足部分用含有一定蛋白质又价格便宜的大米、玉米等谷实类原料补充，这样既可合理平衡饲料的营养成分，又可降低配方成本。

**4. 盐分含量较高** 钠盐是龟鳖不可缺少的营养成分之一。但龟鳖的生理特点决定了其对盐分的需求以饲料中的比例不超过1%为宜，否则就会出现各种影响正常生长发育的负面影响。如当龟鳖摄入大量盐分时，就会主动饮水而引发生理性水肿。同时，雄性龟鳖也会因体肌钠离子过高而引发性肌神经兴奋，出现非正常的生殖器脱出等。目前，饲料中盐分比例超标现象时有发生，这主要与在饲料中配比较高的劣质高盐红鱼粉有关。所以，饲料厂家和养殖户在采购鱼粉时一定要避免采购含盐量较高的红鱼粉，否则用这种鱼粉配制的饲料应用于养殖时，龟鳖会发生严重的病理反应而诱发疾病。

### (二)多样结构合理平衡

**1. 营养结构合理平衡** 龟鳖饲料配合的结构合理性首先是营养结构的合理。因饲料的配合不是各种原料简单的组合，而是根据龟鳖不同生长阶段所需营养和饲料原料的各种特性合理组成的有机结合。在设计配方时，不但要考虑各种营养物质（如蛋白质、能量、维生素、矿物质等）的含量，还需考虑各种营养的全价性和综合平衡性。因此，在配方设计中，饲料原料的各种营养成分和含量一定要检测准确。

**2. 原料搭配多样、稳定** 配合饲料的组成一定要具有多样性。实践证明，多样饲料原料配合可发挥不同饲料原料之间的营养互补作用，从而提高饲料的利用率，使配方更趋科学合理。如在龟鳖的繁殖期，于机制配合饲料的基础上配合一定的鲜活饲料，不但可大大提高适口性，也显著提高了龟鳖的繁殖力。另外，饲料的组成一定要保持相对稳定性，没有特殊情况，主要原料不得经常更换，特别是鱼粉，更换过频会影响饲料的养殖效果。

**3. 饲料成品适口性好** 饲料的适口性在龟鳖养殖生产中分为两方面，一是制成的饲料形状是否符合龟鳖不同生长阶段的口径，二是饲料的气味是否符合龟鳖的喜好。如目前有一些机制饲料因过多配合气味较重的中草药，大大影响了龟鳖的摄食，这样即使饲料中营养全面，但如果影响龟鳖正常摄食，同样也会影响养殖效果。

**4. 消化吸收好** 配合的饲料不但要营养全面，还要消化吸收好，这样不但可以提高饲料的利用率，也能促进龟鳖的生长。所以，在配方设计时应注意龟鳖对各种饲料原料中营养成分的消化率，使配方更科学合理。如目前有些饲料厂家在制作机制配合饲料时，用一些不易消化吸收的血粉和加工不充分的羽毛粉作为蛋白质饲料替代鱼粉，结果不但严重影响龟鳖的养殖效果，有的甚至还会引发疾病。

## 三、节省成本

饲料配制时在不影响养殖效果的同时，应遵循降低制作成本的原则。如江南地区的新鲜蚌肉粉是营养全面、适口性较好的动物性蛋白质原料，且它的市场价格仅是进口鱼粉的一半，所以配制饲料时用其替代部分进口鱼粉，可大大降低制作成本，同时又不会降低饲料的质量。

## 四、容易获取

龟鳖饲料是目前动物饲料中比较高档的饲料之一，因为其主要蛋白质原料——鱼粉大多是从国外进口。但进口鱼粉运输时间长，往往会影响质量和供货时间，所以在设计饲料配方时应尽量考虑容易购买和方便的原则。如一些自然资源较丰富的地区可采用本地资源结合一些预混剂进行人工配合的方法解决龟鳖饲料，这样不但饲料供应稳定，养殖效果也较好。如广西壮族自治区钦州地区利用当地丰富的螺类资源结合预混添加剂投喂黄喉拟水龟和鳖，不但成本低，养殖的效果也很好。

# 第三节　投喂率、投喂量与饵料系数

## 一、投喂率

投喂率是指当日投喂量与当时存塘龟鳖体重的百分比。公式为：

投喂率＝当日投喂量(千克)/当日龟鳖存塘量(千克)×100％

例如，某天投喂饲料 30 千克，当时的龟鳖存塘量为 1 500

千克，则当天的饲料投喂率为 30（千克）÷1 500（千克）×100%＝2%。

龟鳖投喂率是根据龟鳖的生长特性与不同阶段的饲养实践制定的，是制定每日投喂数量的重要方法，所以掌握龟鳖不同生长阶段的投喂率很重要。为了便于养殖者参考应用，现将笔者经过多年实践总结的龟鳖不同模式与不同养殖阶段的投喂率介绍如下（表 2-6）。

**表 2-6　不同养殖模式各阶段饲料投喂率**　（%）

| 养殖模式 | 养殖阶段 | | | |
|---|---|---|---|---|
| | 苗阶段（3.5～50 克） | 种阶段（51～250 克） | 养成阶段（250 克以上） | 繁殖阶段（750 克以上） |
| 温室控温养殖 | 4 | 3 | 2.5 | — |
| 采光大棚养殖 | 3.5 | 2.5 | 2 | — |
| 室外常温养殖 | 3 | 2.5 | 2 | 2 |

## 二、投 喂 量

投喂量是指在龟鳖养殖生产中直接投喂饲料的数量。由于在养殖生产中投喂饲料数量的制定和投喂方法直接影响到产量和质量，所以如何合理制定饲料投喂量已成为龟鳖生产管理中的重要内容之一。

**（一）投喂量的制定方法**　投喂量的制定目前有以下 3 种方法。

**1. 生长理论法**　即根据龟鳖各阶段的生长理论，再推算该阶段龟鳖存塘数量，然后乘以该阶段的投喂率来制定当时的投喂量。如根据理论确定鳖苗养至某天时一般个体的体重，然后根据放养数量再减去死亡数量就是存塘数量，再根据存塘数量和理论生长的个体体重，求出存塘龟鳖的总重量，再用当时的投喂率求出实际投喂量。计算公式为：

实际投喂量 $=L_N\times(S_1-S_2)\times N\%$

其中：$L_N$ 为阶段理论生长数值；$S_1$ 为放养数量；$S_2$ 为死亡数量；N%为该阶段投喂率。

例如，某鳖场采用温室控温养殖，共放养鳖苗 10 000 只，养殖 60 天。按当日平均个体体重为 50 克，现阶段的投喂率是 4%，养殖期间死亡 50 只，则今日的投喂量为 50×9 950×4%＝1 990(克)。

本方法的优点是简单明了，一般只按理论公式计算就可。缺点是有时因实际摄食情况的变化易造成很大的误差，所以目前应用较少。

**2. 阶段打样法**　其计算公式完全与生长理论法一样，只是在确定阶段性个体体重方面采用的不是理论推断数据，而是采用阶段打样后所得的实际数据。打样一般每 10 天进行 1 次。这种方法的误差要比第一种方法小得多，但操作比较麻烦，每次打样数不得少于 3‰。

**3. 实时调整法**　这是笔者根据多年实践总结出的一套方法。就是放养后前 10 天按实际放养重量确定投喂量(因一般养殖企业放养时都要称重)，10 天后则按上一餐的摄食情况灵活调整。调整的标准是如上一餐全部吃光，则这一餐加 5%；如上一餐剩料较多，就减 5%；若少量剩余就不加不减。这种方法既简单又方便，而且误差很小。

**(二)合理控制投喂量**　合理控制有效投喂量的最好办法是制定合理的投喂次数。由于龟鳖的消化器官比较简单，所以不具备精细消化的能力，基本是吃下去后马上就排出。笔者曾做过试验，在一定的时间内采用不同投喂频率来考察龟鳖的摄食、消化和饲料利用率，发现即使每隔 1 小时投喂 1 次，龟鳖也会摄食，且粪便的排泄次数也随着投喂次数的增加而增加。通过检测粪便的化学成分发现，随着投喂次数的增加，龟鳖的营养吸收率下降，蛋白质等营养损失增多。

通过试验，笔者制定了一个不同养殖阶段和不同养殖方式的投喂次数表(表 2-7)，供养殖企业在实际生产中参考应用。

**表 2-7　龟鳖各生长阶段投喂次数**

| 养殖模式 | 养殖阶段 | | | | | | | | | |
|---|---|---|---|---|---|---|---|---|---|---|
| | 苗阶段(3.5～50 克) | | | 种阶段(51～250 克) | | | 养成阶段(250 克以上) | | | 繁殖阶段(750 克以上) |
| | 控温 | 保温 | 常温 | 控温 | 保温 | 常温 | 控温 | 保温 | 常温 | 常温 |
| 投喂次数 | 4 | 3 | 3 | 3 | 2 | 2 | 2 | 2 | 2 | 1 |

长期以来，一些龟鳖养殖户来信来电询问投喂龟鳖可否采取八成饱的方式，意思是让龟鳖吃八成饱更能促进龟鳖的食欲和消化吸收。笔者认为不应采取。因为龟鳖在养殖中采取的是群体集养方式，其每天的投喂量是根据当时养殖群体的总体重再结合其他具体情况来制定的，而不是按每个个体的实际摄食量来制定的。这与陆生动物如牛、猪、马等的个体隔离饲养可以根据其摄食方式或摄食量来人为单独控制投喂不同，群体水生动物在集养方式中，不可能较精确地掌握每个个体的摄食情况和摄食量，且群体水生动物在摄食时绝不会只吃八成饱就让给其他个体吃，而是只要有饲料就要吃饱。通常是强的先吃，弱的后吃，更弱的则吃不到，所以养殖中常会出现个体规格相差很悬殊的现象。假如投喂龟鳖在原来正常投喂量的基础上减去 20%，这样就会出现强的永远吃饱，

弱的永远吃不着，有的甚至因吃不到足够的饲料而成为僵龟、僵鳖，最后影响群体的产量和质量。所以，投喂龟鳖一定要让其吃饱、吃好，不应采用八成饱的方式。吃饱、吃好的标准是投喂后30分钟检查，食台上还剩少许饲料，1小时后检查则全部吃光。如投喂后30分钟全部吃光或1小时后剩料超过5%时，就应以前餐量5%的比例调整下一餐的投喂量，使大小规格的龟鳖都能吃饱、吃好。

## 三、饵料系数

**(一)饵料系数的概念** 饵料系数是投入的饲料与龟鳖摄食后增加的重量之比，也叫料肉比。公式为：

饵料系数$=L_S/L_Z$

$L_Z = L_1 - L_0$

其中：$L_S$ 为投入的饲料重量；$L_Z$ 为龟鳖的增重量；$L_0$ 为放养时重量；$L_1$ 为产出时的重量。

例如，某龟鳖养殖场2008年春季放养中华鳖种苗30 000只，平均体重350克，到秋末捕捞出27 000只，平均体重750克，养殖期间共投喂饲料15 600千克，则其饵料系数的计算方法如下。

先求出增重量：750(克)×27 000(只)－350(克)×30 000(只)＝20 250(千克)－10 500(千克)＝9 750(千克)

再求饵料系数：15 600(千克)÷9 750(千克)＝1.6

**(二)影响饵料系数的主要因素** 一般来说，饵料系数越高，养殖效果就越差。饲料投入大，产出少，成本加大，效益降低。通常影响饵料系数的主要因素有以下几条。

**1. 投喂方法不当** 是造成饵料系数提高的主要因素之一。投喂方法不当包括以下几种情况：一是投喂位置不当。

如目前大多数地方都在水下投喂，容易造成很大的饲料浪费。笔者在水族箱中试验发现，饲料在水中投喂因种种原因损失率可达 13%～18%。二是投喂方法不当。如有的养殖场因职工不负责任地把饲料乱撒在食台外边，或成堆倒在一个地方，这些做法都会造成饲料的严重浪费。

**2. 饲料质量差** 饲料质量差或适口性不好，则会造成饲料在龟鳖体内转换率不高，导致龟鳖生长不良甚至引发疾病等。

**3. 投喂量制定不合理** 由于投喂量制定不合理，造成要么吃不饱、吃不好而影响生长，要么饲料过剩造成浪费等。

**4. 养殖技术差，死亡率高** 因养殖技术和管理差，造成龟鳖发病死亡，是饵料系数增高的主要原因。特别是即将上市的大规格成体，因已经投入了很多饲料将其养大，所以一旦发病死亡，就会严重影响养殖产量，所以饵料系数会大大提高。

**（三）常用龟鳖饲料的饵料系数** 虽然各地方因养殖技术、养殖设施、养殖品种和管理技术的不同有一定的差异，但一般情况下不会相差很大。现把笔者多年积累的应用结果公布如下，供参考。

**1. 龟鳖配合饲料的饵料系数** 龟鳖配合饲料主要是指机制配合粉状饲料和膨化饲料，其具体的饵料系数见表 2-8。

**表 2-8 龟鳖配合饲料的饵料系数**

| 项目 | 养殖阶段 | | | | | | | | | |
|---|---|---|---|---|---|---|---|---|---|---|
| | 苗阶段（3～50 克） | | | 种阶段（51～300 克） | | | 养成阶段（300 克以上） | | | 繁殖阶段 |
| 养殖方式 | 控温 | 保温 | 常温 | 控温 | 保温 | 常温 | 控温 | 保温 | 常温 | 常温 |
| 饵料系数 | 1.1 | 1.3 | 1.5 | 1.2 | 1.4 | 1.6 | 1.3 | 1.5 | 1.8 | 1.6 |

注：控温是指封闭性工厂化养殖，保温是指采光大棚养殖，常温是指室外养殖

**2. 鲜活动物性饲料的饵料系数** 见表2-9，表2-10。

**表2-9 部分鲜活鱼螺蚌类饲料的饵料系数** （单位：500克）

| 名称 | 系数 | 名称 | 系数 | 名称 | 系数 | 名称 | 系数 |
|---|---|---|---|---|---|---|---|
| 鲢鱼 | 8 | 鳙鱼 | 8 | 草鱼 | 6.5 | 青鱼 | 6 |
| 泥鳅 | 6 | 蚌肉 | 5.8 | 田螺肉 | 7.4 | 带鱼 | 5.5 |
| 淡水杂鱼 | 7.8 | 福寿螺肉 | 7.5 | 海杂鱼 | 6.6 | 螺蛳肉 | 7.8 |

**表2-10 肉类的饵料系数** （单位：500克）

| 名称 | 系数 | 名称 | 系数 | 名称 | 系数 | 名称 | 系数 |
|---|---|---|---|---|---|---|---|
| 鸡肉 | 5.5 | 鹅肉 | 4.6 | 猪肝 | 6.5 | 鸭肉 | 5.8 |
| 猪瘦肉 | 5.2 | 牛肉 | 5 | 鸡肝 | 6.8 | 鸭肝 | 7 |

# 第三章 龟鳖常用动物性饲料的人工养殖

除了许多大型畜、禽和鱼类等动物性饲料可在市场上直接购买外，有些动物性饲料还可利用空闲处自己养殖。现将几种龟鳖常用的动物性饲料的养殖技术介绍如下。

## 第一节 黄粉虫的人工养殖

### 一、黄粉虫的生物学特性

黄粉虫俗称面包虫。幼虫喜欢群集，于10℃时开始活动取食，5℃以上仍能生长，35℃以上则会造成大批死亡。幼虫和成虫有大咬小的残杀性，缺食时会相互残杀。幼虫有时也会把蛹咬伤。因此，要将同龄的虫、卵、蛹、成虫筛出，放在各自的容器中饲养。幼虫生长过程中，体表颜色先呈白色，第一次蜕皮后变为黄褐色，以后每 4～6 天蜕皮 1 次，幼虫期共蜕皮 6 次。50 日龄幼虫体长达 2～3 厘米时在饲料中化蛹，化蛹时将头部倒立在饲料中，左右移动摩擦头部进行化蛹。在温度达 20℃以上时，蛹经 1 周时间蜕皮变为成虫。成虫羽化后翅呈白色而较软薄，1～2 天后变硬转为黑褐色。喜在夜间活动，爬行迅速，不喜飞行。羽化 1 周后产卵。成虫体长 1.4～1.9 厘米，呈黑褐色；老熟幼虫体长 2.5～3.5 厘米，呈黄褐色；卵为白色，椭圆形，芝麻粒大小。在适宜的温、湿度条件下，每年繁殖 2～3 代，且世代重叠，无越冬现象。成虫羽化后3～5天开始交尾、产卵，每只雌成虫产卵280～370粒。雌成虫寿命30～100天，雄成虫寿命30～80天。幼虫期60～80天。黄粉虫生长发育适温为25℃～28℃，空气相对湿度为50%～70%。蛹期在26℃～30℃条件下历时5～8天。

## 二、黄粉虫的养殖设施

**(一)饲养室** 可选择坐北朝南的房屋，要求通风透光，冬季能取暖保温。为防止成虫逃逸和蜘蛛、蚂蚁、蟑螂、壁虎、鼠等天敌侵害，饲养室的门、窗都要安装纱窗。

**(二)饲养用具** 黄粉虫的饲养用具主要包括饲养箱(盆)、饲养架、温度计、湿度计等。饲养箱最好采用铁皮网箱，规格为80厘米×40厘米×8厘米。也可以用瓷盆、瓦缸和硬纸箱等。饲养器具均要求内壁光滑，有纱网为盖，防止幼虫、成虫爬出。饲养架为木质结构，一般高1.4米、长1米、宽0.35米，供放置养虫器具。

## 三、黄粉虫的养殖方法

**(一)种虫** 购入优良种虫十分重要。最好向有养殖经验的单位购买，这样不但所购的种虫质量好、繁殖率高，而且可以学到很好的养虫技术与经验。

**(二)饲料** 黄粉虫主要以摄食精饲料和青绿饲料为主，精饲料主要是由麦麸、粗玉米面、米糠等配合而成的混合料，青绿饲料主要包括白菜、萝卜、甘蓝、土豆、瓜类、野菜。如以麦麸70%、糠皮19%、玉米面6%、饼粉5%配成混合料，再按每100千克混合料加入多种维生素6克、微量元素100克，则喂虫效果更好。由于营养全面，黄粉虫繁殖快且虫体健壮，一般每3千克混合料和6千克青绿饲料可养出1千克黄粉虫，每千克黄粉虫的饲料成本为4～6元。

**(三)成虫和卵** 蛹于箱内羽化为成虫后应及时清除箱内废料、蛹皮,并及时投喂营养丰富的新鲜精饲料,同时适当添加青绿饲料。成虫羽化后3～6天开始产卵,此时在箱底铺上白纸,再铺上少量青绿饲料,让成虫在纸上产卵。产卵后每隔2～5天取1次卵(产卵盛期每天换取1次),并换上新的白纸。每次取卵后都要适当给成虫添加青绿饲料和精饲料。

**(四)幼虫** 将刚孵化的幼虫移到养虫箱后,立即撒入一薄层经消毒的麸皮。随着幼虫蜕皮生长,逐渐增加精饲料和青绿饲料。在幼虫蜕皮时,少喂或不喂饲料。每天投喂量以夜间箱内饲料吃完为度。饲料早、晚投足,中午补充。前期以精饲料为主,青绿饲料为辅;后期以青绿饲料为主,精饲料为辅。有些老龄幼虫在化蛹盛期后食欲较差,此时可加喂些鱼粉,以促进化蛹一致。每隔15天清理1次虫粪,中、后期每隔7天清理1次,用筛子筛出虫粪即可。在清理粪便前12小时不喂饲料。幼虫因生长速度不同而大小不一致时,应按大小分箱饲养。每箱可养幼龄幼虫1万～1.5万条,大龄幼虫0.6万～0.8万条。

**(五)蛹** 幼虫蜕皮8～15次后开始化蛹。化蛹前注意多喂青绿饲料,以利于化蛹及以后蛹的羽化。每天及时把新化的蛹拣到另一箱内,并撒上一层精饲料,以不盖过蛹体为度。

## 四、黄粉虫的繁殖

黄粉虫全年都可以生长繁殖,从卵、幼虫、蛹直至羽化为成虫的生育周期为100天左右。黄粉虫各虫态期的长短,因气温的高低而延长或缩短。成虫羽化后3～5天开始交尾,交尾后1～2个月是产卵高峰期。每只雌成虫产卵280～369

粒，平均304粒。交尾时间是在下午8时至翌日凌晨2时，产卵于饲料上。卵呈乳白色，椭圆形，长约1毫米。在25℃～27℃条件下，3～5天即可孵出幼虫。若温度为13.5℃～23℃，需经22～24天。成虫在缺食时会吞食自己产下的卵。

## 五、黄粉虫的病敌害防治

黄粉虫的病敌害对其养殖产量影响很大，所以做好病敌害防治是养殖中的关键措施之一。

**(一)干枯病** 患病后黄粉虫头部、尾部干枯，最后全身枯干而死。

防治方法：在干燥高温季节，及时投放青绿饲料或洒水于地面降温。

**(二)软腐病** 病虫行动迟缓，排稀便。虫体变黑软烂，最后死亡。本病多发于梅雨季节，室内空气潮湿，饲料过湿，放养密度过大或虫体受伤时。

防治方法：发现软虫体要及时拿出，清除残料，停止投放青绿饲料，调节室内湿度。用0.25克庆大霉素或金霉素拌麦麸250克投喂。

**(三)螨类** 对黄粉虫为害很大，可造成虫体瘦弱，生长迟缓，卵孵化率低，繁殖力减弱。一般多发生于7～9月份，气温过高，饲料温度高，料中有螨时。

防治方法：严防饲料带螨，有条件的均可将糠、麸隔水蒸20分钟消毒后再用。平时要保持室内空气流通，降低湿度。特别是在夏季雨天湿度过大时，尽量不投喂或少投喂过湿的青绿饲料。发现有螨时，应及时把饲料置于太阳下晒10分钟。

此外，蚂蚁、老鼠都是黄粉虫的大敌，平时要注意消灭。

## 第二节　蚯蚓的人工养殖

蚯蚓是龟鳖喜食的动物性饲料，现介绍蚯蚓的养殖技术。

### 一、蚯蚓的生活习性及对环境的要求

蚯蚓是一种喜温、喜湿、喜静、怕光、怕盐、怕单宁味的动物。蚯蚓在生长发育过程中，对环境中的养分、温度、湿度、空气、光照和 pH 值等都有一定的要求，养殖时只有满足这些要求，才能获得较高的产量。

**（一）养分**　蚯蚓是低等动物。植物茎叶、畜粪、工农业副产品及家庭垃圾均可作为饲料，而饲料中的营养丰富与全面与否，都与蚯蚓的生长繁殖有关，所以当饲料营养丰富、全面时，蚯蚓的生长与繁殖就好。如蚯蚓爱吃甜料及蛋白质和糖原丰富的饲料，尤其喜食腐烂的瓜果、菜皮等，还爱吃酸料，不爱吃苦料和有单宁味的饲料。含盐量高的饲料和含沙粒的饲料对它有毒害作用。

**（二）温度**　蚯蚓是变温动物，在其生命活动中所需的热能来源，主要是太阳辐射热和其本身代谢所产生的热能。所以，蚯蚓的体温变化主要随其周围环境温度的变化而变化。在蚯蚓的整个生长发育阶段中，对温度有一定的要求，超过其所能承受的范围就会影响生长发育甚至死亡。一般在最适温度范围内，蚯蚓的耗能最少，生长发育和繁殖速度最快，寿命长且死亡率低。以从日本引进的“大平二号”为例，其生育适温范围是 5℃～38℃，最适范围为 18℃～27℃，最适温度为 23℃。产卵的成熟蚯蚓最适生活温度为 21℃～25℃，在这样的温度条件下，“大平二号”生长适中，活力强，虫体健壮，产卵多，卵粒大。

**(三)湿度**　水分是蚯蚓生理活动的物质基础和调节体温的重要因素。蚯蚓主要从基料、饲料和空气中获得水分,有些蚯蚓的体壁也可吸收水分。蚯蚓失水的途径,主要是随粪便、体腔液排出,在体壁蒸发和孵化时也会大量失水。蚯蚓体内的含水量在80%左右,卵的含水量也很高。因此,在蚯蚓的发育过程中需要吸收大量的水分。另外,由于蚯蚓没有牙齿,爱吃细、烂、湿的饲料,所以水分的供应十分重要。

蚯蚓在整个生长发育和繁殖阶段所需的水分略有不同。成蚓需要的绝对湿度在38%左右,幼蚓在35%左右。卵孵化的湿度在31%左右。

**(四)空气**　蚯蚓是好气的低等动物,它和高等动物一样,在呼吸作用中不断吸收氧气,排出二氧化碳,由于它们生活在基料、饲料这种不利于氧气交换的生态环境中,所以空气对蚯蚓的生长发育和繁殖都有很大的影响。通气越好,蚯蚓的新陈代谢就越旺盛,产卵就越多,成熟期也缩短,蚯蚓的体色好、活力强;相反,通气不畅蚯蚓不但生长缓慢,严重的还会导致死亡。因此,在饲养蚯蚓时,如何做好通气、充氧工作是养殖管理的重点之一。

**(五)pH值**　是蚯蚓生活和繁殖环境的化学指标之一。多年的养殖实践证明,蚯蚓生长、繁殖场所的pH值指标以中性偏碱为宜,最适pH值为7.4～7.6。其中基料的pH值以7.1为宜,饲料的pH值以7.4～7.6为宜。当环境pH值低于5.9或高于7.8时,蚯蚓就会逃逸。

## 二、蚯蚓的养殖方法

除了提供良好的养殖环境,蚯蚓养殖时还应准备好以下几样必需的物质基础。

**(一)基料** 是指发酵熟化后能供蚯蚓生存并为蚯蚓提供营养的基础料。基料主要由粪料(如猪粪、牛粪、羊粪、人粪等)和草料(如杂草、树叶、垃圾等)堆制发酵而成,堆制配比一般为粪料70%、草料30%。堆料的方法很简单,即在气温为25℃时,先将草料用清水或尿水浸泡20小时左右,然后选一块地势高且干燥的平整场地,在场地周围挖一条水沟,然后在场地铺上草料和粪料,一般是先铺15厘米厚的草料,再铺5厘米厚的粪料,这样依次铺到1米左右的高度,一般经25天左右即可发酵熟化成为优质基料。

**(二)饲料** 经发酵熟化后,无不良物质,有机质充分分解,易被吸收,能不断供给蚯蚓能量和营养的添加料即为饲料。

蚯蚓的饲料是由糠、麸、粪料、草料和一些食品下脚料以及瓜果烂菜等均匀混合后堆制发酵而成的。发酵时可按粪料65%、草料25%、糠麸类10%的比例配合。发酵的方法是:将上述各种原料混合后,加入适量的水(含水量为79%左右),然后疏松地堆积起来,以后每隔8天、6天、4天、2天翻堆后即可使用。

**(三)蚓种放养** 放养的蚓种可选适应性强、繁殖较快且肉质好的“大平二号”品种,放养密度为每平方米2 000条左右。放养时应把蚓种放在基料的中间,让其自行钻入即可。

**(四)日常管理** 蚓种放养后,应加强日常管理。

**1. 保持基料的湿度** 由于蚯蚓的生长繁殖需要一定的湿度,所以要保持基料的湿度在60%左右,可每隔2～3天洒1次水。

**2. 投喂** 放养蚯蚓后即要开始定时投喂,投喂量为养殖蚯蚓重量的3倍。为了准确判定投喂量,应定期打样,即在一定的面积内挖出其中的蚯蚓称重，根据结果计算整个养殖面积的蚯蚓总重量，然后再计算投喂饲料的数量。饲料每隔3天投喂1次。在养殖期，除了投喂发酵好的饲料外，还应投喂些瓜皮、菜叶之类的青绿饲料，以补充蚯蚓需要的各种营养。

**3. 清粪**　清理蚓粪也是管理的重要工作。清粪目的一是减少养殖床中的堆积物，二是在清粪的同时可以采收蚯蚓。清粪一般每月1次即可。

**（五）采收**　采收蚯蚓有两种方法：一是在清粪时采收；二是直接挖取，即从基料的一端用工具挖出蚯蚓。

## 第三节　田螺的人工养殖

与福寿螺一样，田螺也是龟鳖的好饲料。现介绍田螺的人工养殖技术。

### 一、田螺的品种

在我国分布的田螺品种有中华圆田螺、中国圆田螺、胀肚圆田螺、长螺旋圆田螺和乌苏里田螺。以下介绍我国分布较广的中华圆田螺的人工养殖技术。

### 二、田螺的生活习性

田螺喜栖息于底泥富含腐殖质的水域环境，如水草繁茂的湖泊、池沼、田洼或缓流的河沟等，常以泥土中的微生物、腐殖质及水中的浮游植物、幼嫩水生植物、青苔等为食，也喜食人工饲料（如瓜果、菜叶、米糠、麦麸、豆粉、豆饼和各种动物下脚料等）。田螺耐寒而畏热，其生活的适宜温度为20℃～28℃，水温低于10℃或高于30℃即停止摄食，钻入泥土、草丛避寒、避暑。当水温超过40℃时，田螺即会死亡。

## 三、田螺的生殖习性

田螺雌雄异体，区别其雌、雄的方法主要是依据其右触角的形态。雄田螺的右触角向右内弯曲(弯曲部分即雄性生殖器)。此外，雌螺个体大而圆，雄螺小而长。田螺是一种卵胎生动物，生殖方式独特，其胚胎和仔螺的发育均在母体内完成。从受精卵至仔螺的产出，大约需要在母体内孕育1年时间。田螺为分批产卵动物，每年3～4月份开始繁殖，在产出仔螺的同时，雌、雄亲螺交配受精，同时又在母体内孕育翌年要产出的仔螺。1只母螺全年可产出100～150只仔螺。

## 四、田螺的池塘养殖

**(一)池塘条件** 养殖田螺的池塘，单池面积以100平方米左右为宜，池呈长方形，池深80厘米，水深50厘米。池底应保持10～15厘米厚的底泥。池塘四周种植一些长藤瓜菜搭棚遮阳，水中布置竹尾、树枝或石块等供田螺隐蔽栖息。

**(二)养殖水体** 田螺喜欢洁净且稍有肥度的水，水质要求溶氧量充足，pH值在7左右，水体不能有农药、化肥和工业污染。只要水体无污染，农村许多平坦的河渠、溪滩、坑、稻田、池塘等均可放养。如专池饲养，则应选择水质良好、进排水方便的地方开挖池塘，水面可培植少量红萍和水莲等。

**(三)种螺放养** 种螺投放前10天，每667平方米水面用50～100千克生石灰清塘，以清除野鱼虾和其他杂螺，3～4天后在水体施用有机肥，以繁殖饵料生物供田螺摄食。种螺放养最好在田螺繁殖前期完成。种田螺可从野外采集，也可从市场收购，不论采用哪种方法，均应选择色泽淡褐、壳薄而完整、体圆顶钝的鲜活螺。一般在自然粗放水体中，每平方米水面投放种螺0.1～0.5千克，精养池可增加2～3倍。养殖田螺可单独放养，也可套养部分鲢、鳙鱼种或采取田螺、泥鳅混养方式。

**（四）精心投喂** 在高密度人工精养情况下，必须精心投喂。田螺对营养要求不高，简单地用米糠、麦麸、豆粉以60%、25%和15%的比例配合，即成为田螺的上等饲料。在生长适宜温度（20℃～28℃）内，田螺食欲旺盛，可每2天投喂1次，每次投喂量为田螺体重的2%～3%。水温在15℃～20℃或28℃～30℃时，每周投喂2次即可，每次投喂量为田螺体重的1%左右。当温度低于15℃或高于30℃时，应少投喂或不投喂。

**（五）日常管理** 养殖水体中严禁流入受农药、化肥污染的水源，防止鸭、蛇、鼠、鸟等敌害侵入，及时清除水中杂草和草根。平时采取微流水形式，保持水位在30厘米左右。高温季节加大水流量，以控制水温升高和保证水体溶氧充足。寒冷天气田螺进入泥土冬眠，此时可每周换水1～2次，并向水体中撒一些切碎的稻草以利于田螺越冬。

## 五、田螺的捕捞

当田螺长至每千克80只左右时，即可捕捞出来用于饲养龟鳖。收获田螺时，可采取捕大留小的方法，有选择地捕取成螺、留养幼螺，并注意选留部分母螺，以做到自然补种，以后无需再投放种螺。根据其生活习性，在夏、秋高温季节，选择清晨、夜间在岸边或水体中旋转的竹枝、草把上拣拾；冬、春季则选择晴天的中午拣拾。另外，也可采用下池捕捉或排干池水拣拾等办法采收田螺。收取的田螺最好当天投喂，不要放置太长时间。

## 第四节　蝇蛆的人工养殖

蝇蛆营养丰富，适口性好，是龟鳖优良的动物性饲料之一。现介绍蝇蛆的人工养殖技术。

### 一、家蝇的生物学特性

家蝇适宜在温度为22℃～32℃、空气相对湿度为60％～80％的环境中生活。在以上条件下，蛹经3天发育，由软变硬，由米黄色、浅棕色、深棕色变为黑色，最后成蝇从蛹中破壳而出。刚出壳的成蝇只会爬不会飞，1小时后才会展翅飞翔并开始摄食、饮水。成蝇白天活泼好动，夜间栖息不动。3天后即性成熟，开始交尾产卵，6～8日龄时为产卵高峰，以后逐日下降，到15日龄时基本失去产卵能力。蝇卵经12～24小时孵化为蝇蛆，蝇蛆在猪粪、鸡粪中培育5天左右又变成蛹。这样，家蝇的1个世代约28天。在人工养殖的条件下，保持适宜的温、湿度，配制营养丰富的培养料，则育成的蝇蛆个头大、数量多、质量也好。

### 二、种蝇的养殖

**(一)养殖设施**　可根据龟鳖养殖规模的大小，自行决定。一般种蝇养殖的基本设施有养殖车间、养殖箱笼和养殖用具等。

**1. 养殖车间**　其面积大小可根据各龟鳖养殖场的需要而定，但均需达到保温、通风、干净的要求。地面最好是水泥地面，这样便于清扫。为了有效防止室外其他昆虫进入养殖车间，通风窗必须安装细窗纱。

**2. 养殖箱笼**　其笼架可用钢筋或木料制成，然后用细尼龙纱网将笼架罩上。笼箱的规格为长150厘米、宽100厘米、高120厘米。笼箱安装时要求底部距地面30厘米。

**3. 养殖用具** 主要包括饲料盆、饮水盆、羽化缸和产卵缸等。

**(二)养殖方法** 一般上述规格的笼箱可饲养种蝇1.5万只。每个笼箱的一侧应加上布袖,以便伸手加料、加水和采卵。1.5万只成蝇每天饲喂奶粉25克,饲料放在有纱布垫的饲料盆中,让成蝇落在纱布上取食饲料。纱布每天更换1次。水盆中也要放入纱布,以免种蝇落入盆中淹死。产卵缸内放入湿麦麸专供种蝇产卵。每天取卵1次,送到蛆房育蛆。种蝇产卵以每天上午8时至下午3时数量最多。每批种蝇饲养15～20天即可淘汰,用热水或蒸汽将其杀死,烘干后磨粉也可作为龟鳖的饲料。然后重新换上一批。种蝇养殖期间门和窗均要安装玻璃和纱窗,以利于调温。墙壁上安装风扇,以调节空气。房内应有加温设备,使冬天温度保持在22℃～32℃。房内空气相对湿度应保持在60%～80%。日常操作时要仔细小心,以防种蝇外逃。

## 三、蝇蛆的繁育

蝇蛆可在保温与通风条件较好的室内设置木架用塑料盆培育,一个直径为50厘米的塑料盆,仅用3千克麸皮,3～4天即可育蛆1.5千克。养蛆饲料的来源较广,且不同蛆料的成本有高有低,可按实际情况合理选择。麸皮营养成分较高,价格也稍贵,一般用来繁殖蝇种。价格低廉的酒糟、豆渣等可用来作商品蛆料。如用麸皮作蛆料,一般每千克麸皮可生产0.5千克蝇蛆。使用时需加水拌匀,干湿度以手捏出水、触碰即散为宜。如果配合酒糟、豆渣等半干饲料,使用时可不必加水。

具体操作方法是：将蝇卵和麸皮料等倒入塑料盆中，稍拌均匀即可。蝇卵不要露在蛆料表面，以免失水而丧失活力。蛆料的厚度一般为5～10厘米，蛆料内的发酵温度以不高于40℃、不低于20℃为标准。如是夏季，温度偏高，蛆料要适当薄些；冬季温度偏低，蛆料可适当增厚些。如果用人、畜粪作为蛆料，则要杀死细菌及寄生虫后再使用。料与蛆的比例，以鸡粪为例，一般3.5～4千克生产0.5千克鲜蛆。不论用哪一种原料养蛆，蛆料的湿度均应掌握在60%～65%为宜。

### 四、蝇蛆的采集

利用蝇蛆怕光的特点进行采集。也可用粪扒在育蛆饲料表层不断推动，蝇蛆便往下钻，把表层饲料取走，再重复推动，最后剩下少量饲料和大量蝇蛆，此时即可把蝇蛆取走，与其他饲料混合后即可投喂龟鳖。

### 五、蝇种的繁殖

在生产蝇蛆的同时，让部分蛆化蛹，作为新蝇种的来源。化蛹有两种方法：一是让蝇蛆在蛆料里自然化蛹，用水洗去蛆料，即可得到蝇蛹；二是当蛆在蛆料里培养到5～6天变为黄色成熟时，将蛆取出放到装有干麸皮的盆中，促使其化蛹，然后用筛分离麸皮得到蝇蛹。蛹的大小要求达到每克50只。

## 第五节　福寿螺的人工养殖

福寿螺是龟鳖最喜食的动物性饲料之一。龟鳖摄食福寿螺不但长得快，肉质好，而且色泽好看，故能提高养成品的销售外观和销售价格，为养殖者带来可观的经济效益。

## 一、福寿螺的生物学特性

**（一）生活习性** 福寿螺为水生螺类，喜欢生活在清新洁净的淡水中，常集群栖息在水域边缘的浅水处，或吸附在水生植物上。福寿螺虽生活在水域的浅水处但却栖息在水的底层，只要生活条件适宜，福寿螺的适应性很强，放养后会很快适应新的环境。但在受农药、石油和有毒工业污染的环境中却会很快死亡。

福寿螺基本生活在水的底层，但可以在干旱季节埋藏在湿润的泥中度过6～8个月，一旦有水会再次活跃起来。福寿螺生活的适宜温度为25℃～32℃，基本与龟鳖相同。超过35℃生长速度下降，超过45℃则容易死亡。15℃以下减少活动，5℃以下沉入水底进入休眠状态。长时间处于3℃以下环境中就会死亡。

**（二）繁殖习性** 在良好的饲养条件下，雄螺长到70天左右、雌螺长到100天左右即可达到性成熟并开始交配。交配一般是白天在水中进行，时间长达3～5小时。福寿螺产卵时雌螺爬到离水面15厘米以上的池边干燥处或附着在水生植物的茎叶上产下卵块，并黏附在上面。成熟福寿螺1年可产卵20～40次，产卵量为10 000粒左右，螺卵的孵化率在90%左右。每年3～11月份为福寿螺的繁殖季节，其中6～8月份是繁殖高峰期。繁殖的适宜水温为18℃～30℃。

**（三）生长特性** 当水温较高、水环境好、饲料充足时生长就快，反之则慢。养殖在大水面的比养殖在小水面的生长要快。幼螺阶段生长较快，到100克以后相对减慢。雌螺生长快于雄螺。

## 二、福寿螺的养殖方法

福寿螺的人工养殖方式很多,如水泥池养殖、土池养殖、沟渠养殖、网箱养殖和鱼塘混养等。在这里我们专门介绍池塘成螺养殖。

**(一)基本条件** 福寿螺的养殖池面积一般以667～1 334平方米为宜,为了便于操作和管理,池塘宽度以1.5～2米为宜,池深80厘米,水深60厘米,养殖池中应设置些竹片、树根和木棍等附着物。养殖用水的pH值以6.5～7.5为宜,水体应洁净。

成螺养殖以投喂青绿饲料(如红萍、青菜、各类瓜苗、薯藤及无毛刺的各种嫩草)为主,搭配适量的精饲料。精饲料的配方如下。

配方一:鱼粉60%,米糠30%,麸皮10%。

配方二:鱼粉60%,花生饼15%,饲用酵母粉2%,麸皮10%,小麦粉13%。

配方三:血粉20%,花生饼40%,麸皮12%,大麦粉10%,豆饼15%,矿物质添加剂2%,维生素添加剂1%。

配方四:蚕蛹粉30%,鱼粉20%,大麦粉50%,维生素添加剂适量。

**(二)幼螺的放养** 养螺池塘在放养幼螺前要进行清塘消毒,方法是用生石灰按每667平方米、水深1米用130千克化水泼洒。

放养密度为每平方米100只左右。放养前幼螺应用20毫克/升高锰酸钾溶液浸泡15分钟。

**(三)成螺的养殖管理**

**1. 投喂** 幼螺放养后应及时投喂,投喂量为螺体重的

8%,青绿饲料和精饲料的比例为 5∶1,每天投喂 2 次,并应及时捞出残饵。

**2. 调节水质** 为了保持水质清洁,每隔 3 天应换水 1 次。如平时能保持微流水状态则更好。

**3. 防逃防害** 由于福寿螺对环境中的高 pH 值很敏感,所以可在养殖池周围撒上生石灰筑起一道"碱性围墙",可有效防逃。为了预防敌害,可在养螺池塘周围设置围墙或篱笆。

**(四)成螺的捕捞** 福寿螺生长较快,在人工养殖条件下,最大个体可长到 100 克以上,但一般长到 50 克以上就可捞取饲喂龟鳖。捞取后的螺应马上投喂,不可用死螺投喂龟鳖。

# 第四章　鳖饲料的合理配制与科学投喂

## 第一节　鳖机体的营养组成

### 一、鳖机体的蛋白质含量

**(一)不同年龄和不同部位的蛋白质含量**　根据上海水产大学王道尊、汤峥嵘对不同年龄中华鳖不同部位生化测定的结果表明,不同年龄和不同部位的蛋白质含量有一定的差异(表 4-1)。

**表 4-1　中华鳖不同年龄和不同部位的蛋白质含量**　(%)

| 部　位 | 稚　鳖 | 一龄鳖 | 二龄鳖 | 三龄鳖 | 平均值 | 变异系数 |
|---|---|---|---|---|---|---|
| 肌　肉 | 19.59 | 17.36 | 18.33 | 18.03 | 18.03 | 5.1 |
| 裙　边 | 20.64 | 21.40 | 19.31 | 24.74 | 21.52 | 10.74 |
| 背　甲 | 25.41 | 25.08 | 22.31 | 20.94 | 23.44 | 9.25 |
| 油脂块 | 4.11 | 3.77 | 2.83 | 2.54 | 3.26 | 24.38* |

注:* 表示不同年龄之间有差异

**(二)不同年龄机体的氨基酸含量**　从氨基酸含量的变化可以看出中华鳖不同生长阶段对饲料不同营养成分的需求(表 4-2)。

表 4-2　中华鳖不同年龄机体的氨基酸含量　（毫克/100 克☆）

| 氨基酸种类 | 稚　鳖 | 一龄鳖 | 二龄鳖 | 三龄鳖 | 平均值 | 变异系数（%） |
|---|---|---|---|---|---|---|
| 天冬氨酸 | 9360 | 8470 | 8080 | 9990 | 9200 | 6.97 |
| 苏氨酸 | 4460 | 3950 | 4090 | 4510 | 4252.5 | 6.48 |
| 丝氨酸 | 68103 | 3410 | 3510 | 3870 | 3650 | 6.15 |
| 谷氨酸 | 15340 | 13950 | 14820 | 16490 | 15150 | 7 |
| 脯氨酸 | 1980 | 1260 | 1860 | 2580 | 1920 | 28.18* |
| 甘氨酸 | 5820 | 4520 | 5160 | 5640 | 5285 | 11.0* |
| 丙氨酸 | 5770 | 5010 | 5400 | 5970 | 5537.5 | 7.55 |
| 胱氨酸 | 860 | 340 | 330 | — | 510 | 59.44** |
| 缬氨酸 | 4840 | 4360 | 4660 | 5000 | 4737.5 | 6.49 |
| 蛋氨酸 | 3300 | 3150 | 3430 | 3680 | 3390 | 6.63 |
| 异亮氨酸 | 4800 | 4360 | 4710 | 5290 | 4790 | 8 |
| 亮氨酸 | 8350 | 7540 | 8020 | 8780 | 8172.5 | 6.41 |
| 酪氨酸 | 3470 | 3000 | 3180 | 3590 | 3310 | 3.13 |
| 苯丙氨酸 | 4960 | 4400 | 4720 | 5160 | 4810 | 6.8 |
| 赖氨酸 | 8140 | 6330 | 6981 | 8270 | 7430 | 12.58* |
| 组氨酸 | 2920 | 2510 | 2720 | 3420 | 2892.5 | 13.28* |
| 精氨酸 | 8570 | 5840 | 5550 | 6700 | 6040 | 11.5* |
| 鸟氨酸 | — | — | 240 | — | — | — |

注：☆表示以干物质计；—表示因含量太低不能测出；*表示不同年龄之间有差异；**表示不同年龄之间有显著性差异

## 二、鳖机体的脂肪和脂肪酸含量

**(一)鳖机体脂肪的含量** 通过对中华鳖机体粗脂肪含量的测定,不同年龄和不同部位间的差异很大(表 4-3)。

**表 4-3 中华鳖不同年龄和不同部位的脂肪含量** (%)

| 部位 | 稚鳖 | 一龄鳖 | 二龄鳖 | 三龄鳖 | 平均值 | 变异系数 |
|---|---|---|---|---|---|---|
| 肌肉 | 0.57 | 0.73 | 0.88 | 1.29 | 0.87 | 35.6* |
| 裙边 | 0.31 | 0.25 | 0.23 | 0.25 | 0.26 | 13.32 |
| 背甲 | 0.41 | 0.40 | 0.34 | 0.3 | 0.36 | 14.31 |
| 油脂块 | 84.43 | 85.24 | 85.96 | 86.56 | 85.55 | 1.08 |

注:* 表示不同年龄之间有差异

**(二)鳖机体脂肪酸的含量** 检测中华鳖不同年龄肌肉中脂肪酸的组成与含量,可指导饲料配方中脂肪性原料的配比要求(表 4-4)。

**表 4-4 中华鳖不同年龄肌肉中脂肪酸的组成与含量** (%)

| 脂肪酸 | 一龄鳖 | 二龄鳖 | 三龄鳖 | 平均值 | 变异系数 |
|---|---|---|---|---|---|
| $C_{14}$ | 3.902 | 4.187 | 3.680 | 3.923 | 6.48 |
| $C_{16}$ | 17.544 | 14.733 | 15.626 | 15.908 | 9 |
| $C_{16.1}$ | 6.397 | 5.244 | 9.462 | 7.034 | 30.99* |
| $C_{18}$ | 8.308 | 4.674 | 3.914 | 4.966 | 24.63* |
| $C_{18.1}$ | 32.432 | 33.922 | 41.677 | 36.01 | 13.78 |
| $C_{18.2}$ | 4.487 | 8.722 | 4.671 | 5.96 | 40.16* |
| $C_{18.3}$ | 4.132 | 6.011 | 3.622 | 4.588 | 27.42* |
| $C_{20.4}$ | 5.524 | 4.397 | 2.519 | 4.147 | 36.61* |
| $C_{20.5}$ | 7.789 | 6.94 | 6.18 | 6.97 | 11.55 |

续表 4-4

| 脂肪酸 | 一龄鳖 | 二龄鳖 | 三龄鳖 | 平均值 | 变异系数 |
|---|---|---|---|---|---|
| $C_{22.4}$ | 1.038 | 0.889 | 0.713 | 0.88 | 18.49* |
| $C_{22.5}$ | 1.706 | 1.73 | 1.187 | 1.541 | 19.91* |
| $C_{22.6}$ | 8.734 | 9.434 | 6.741 | 8.303 | 16.83* |
| UFA☆[1] | 72.239 | 77.289 | 76.772 | 75.433 | 3.68 |
| PFA☆[2] | 33.41 | 38.123 | 25.633 | 32.388 | 19.47 |

注：* 表示不同年龄之间有差异；☆[1] 为饱和脂肪酸占总脂肪酸的百分比；☆[2] 为不饱和脂肪酸占总脂肪酸的百分比

## 三、鳖机体的矿物质含量

通过对鳖鲜品的测定结果，鳖机体矿物质的含量见表 4-5。

表 4-5　鳖机体的矿物质含量　（毫克/100 克）

| 名　称 | 测定部位 | | |
|---|---|---|---|
| | 肌　肉 | 背　甲 | 全　鳖 |
| 钾 | 303 | 1349 | 89.66 |
| 钠 | 252.8 | 65.9 | 35.02 |
| 钙 | 75.7 | 21961.3 | 1479.31 |
| 镁 | 10.5 | 28 | 19.02 |
| 磷 | 3.15 | 212.51 | 999.29 |
| 铁 | 36.7 | 8.8 | 8.15 |
| 锌 | 3.32 | 8.12 | 4.23 |
| 铜 | 0.65 | 0.64 | 0.18 |
| 硒 | 0.54 | 1.5 | 0.012 |
| 钼 | 0.37 | 4.13 | 0.24 |
| 锰 | 0.14 | 0.82 | 4.2 |
| 铬 | 0.073 | 0.628 | 0.043 |

## 四、鳖机体的维生素含量

通过测定鳖鲜品的结果分析，鳖机体维生素的含量见表4-6。

表 4-6　鳖机体的维生素含量　（毫克/100 克）

| 名　称 | 测定部位 | |
|---|---|---|
| | 全鳖粉 | 鲜鳖肉 |
| 维生素 A | 0.91 | 90 |
| 维生素 $B_1$ | 0.07 | 0.65 |
| 维生素 $B_2$ | 0.73 | 0.75 |
| 维生素 $B_6$ | 155 | — |
| 维生素 $B_{12}$ | 5.7 | — |
| 维生素 C | — | 1.1 |
| 维生素 E | 53 | — |
| 维生素 $D_3$ | 20.25 | — |
| 维生素 H | 12.5 | — |
| 胆　碱 | 0.14 | — |
| 维生素 PP | 5.73 | 3 |
| 维生素 $B_{11}$ | 0.13 | — |
| 维生素 $B_3$ | 0.75 | — |
| 肌　醇 | 0.1 | — |

## 第二节　鳖的消化、食性与营养需求

### 一、鳖的消化

**(一)鳖的消化器官**　通过对鳖的生理解剖分析与测定，鳖的消化器官从头部的口开始，至尾部的泄殖孔为止，共由以下几部分器官组成，整个消化器官的长度为鳖体长的2～3倍。

**1. 口与口腔**　位于头部，既是摄食器官也是消化器官。

**2. 咽**　位于口腔后，为一宽短的管道，也叫咽腔。咽壁上有许多颗粒状凸起。咽壁黏膜上有丰富的丝状细血管，这些血管是鳖类的特殊器官，主要在越冬时作为呼吸器官从水中交换生命所需的溶氧，有类似鱼鳃的功能，故也叫鳃状组织。因此，咽既是消化管道，又是辅助呼吸器官。

**3. 食管与中肠**　咽后即连接食管，食管内壁有8条纵行的皱褶，在食管内突出如嵴，起到消化和帮助运送饲料的作用。食管后面连接中肠，中肠略膨大呈囊状，类似陆生动物的胃，但功能远不及真正意义上的胃。食管和中肠的肌肉较发达，有较大的伸缩性，可容纳较多的饲料。

**4. 小肠**　由十二指肠和回肠两部分组成，其中十二指肠较短粗，回肠较细长。小肠部分是饲料的主要消化吸收部位，特别是对脂肪的消化作用最强。

**5. 大肠**　由结肠和直肠组成，大肠除了有继续消化吸收的作用外，还是接纳粪便的部位。

**6. 泄殖孔**　前端连接大肠，既是排泄口也是鳖的交配部位。由于饲料质量的原因，鳖的泄殖孔常黏附条状粪便，有的甚至拖得很长。

**(二)鳖的消化腺** 包括肝脏、胰脏、胆囊和肠腺等。肝脏较大,分左、右两叶,是分泌胆汁和糖原的消化腺。胰脏分泌胰液。胆囊是贮藏和输送胆汁的消化腺。

**(三)鳖的消化酶** 主要是蛋白酶,其他还有淀粉酶和胰液、胆汁。鳖蛋白酶的活性功能是随着鳖的年龄而增强的,一般成体比幼体要强。

**(四)鳖的消化与吸收过程**

**1. 鳖的消化过程** 鳖摄食后必须经过消化才能吸收各种营养物质。鳖的消化过程分为两部分:一部分是通过消化酶将各种复杂的营养物质分解为简单物质,如把蛋白质分解成氨基酸,把粗脂肪分解成脂肪酸等;另一部分是通过消化道的不断揉磨使食物更加细化并和消化酶充分融合。这两种消化过程前者称化学消化,后者称物理消化,在整个消化过程中这两部分是互相配合协调并同时进行的。

**2. 鳖的吸收过程** 鳖的吸收是指食物经过消化,成为简单营养物质后,通过消化道中的上皮细胞进入血液循环,从而营养机体,参与正常生命活动的过程。鳖对饲料的消化吸收程度是用消化率来表示的。影响鳖消化率的因素与饲料本身的质量、物理性状以及养殖环境和投喂方式都有关系。但在同样条件下,鳖对蛋白质的消化率较高,而对碳水化合物的消化率相对较低。

## 二、鳖的食性

鳖是以高蛋白质饲料为主的杂食性动物。在解剖野生鳖消化道时发现,在野生环境中鳖摄食最多的是螺类,也摄食鲜嫩的水草等。但在食性试验中发现,鳖最喜食的是虾类,这说明鳖的食性是多样化的。但据日本学者介绍,鳖对海洋鱼类的消化不如淡水鱼类，特别是冰鲜海水鱼，如摄食不当会引发疾病。

## 三、鳖的营养需求

表4-7是鳖在不同生长阶段对营养的需求，是经过多年研究和生产实践总结出来的，供饲料生产单位和养殖企业参考。

**表4-7 鳖不同生长阶段的主要营养需求 (%)**

| 阶段分类 | 粗蛋白质 | 粗脂肪 | 粗纤维 | 粗灰分 | 钙 | 磷 |
|---|---|---|---|---|---|---|
| 鳖苗阶段 | 46 | 6 | 1 | 17 | 4 | 1.5 |
| 鳖种阶段 | 43 | 6 | 1 | 17 | 4 | 2 |
| 成鳖阶段 | 42 | 5 | 1 | 17 | 4 | 2 |
| 亲鳖阶段 | 42 | 5 | 1 | 17 | 4.5 | 2 |

# 第三节 鳖饲料的合理配制与贮存

## 一、机制配合饲料配方

机制配合饲料是以优质鱼粉为主的人工配合饲料，不但要求营养全面，还要有较好的黏弹性，所以组方时既要考虑营养性，又要考虑物理性状、适口性和制作工艺适合性。

### (一)机制配合粉料配方

#### 1. 鳖苗配方

配方一：白鱼粉65%，奶粉2%，啤酒酵母5%，α-淀粉18%，牛肝粉5%，香味黏合剂2%，玉米蛋白2%，复合微量元素预混剂0.5%，多维预混剂0.5%。

配方二：白鱼粉67%，奶粉2%，啤酒酵母3%，α-淀粉

18%,牛肝粉3%,香味黏合剂2%,膨化大豆2%,玉米蛋白2%,复合微量元素预混剂0.5%,多维预混剂0.5%。

配方三:白鱼粉56%,奶粉2%,α-淀粉15%,蛋白淀粉8%,玉米蛋白5%,血球蛋白2.2%,酶解蛋白3%,啤酒酵母6%,多维预混剂1%,磷酸二氢钙0.8%,复合微量元素预混剂1%。

**2. 鳖种配方**

配方一:白鱼粉55%,牛肝粉5%,啤酒酵母5%,α-淀粉18%,膨化大豆粉4%,复合微肉骨粉2%,蚌肉粉3%,玉米蛋白3%,蚕蛹粉2%,多维预混剂0.5%,香味黏合剂2%,复合微量元素预混剂0.5%。

配方二:白鱼粉52%,牛肝粉5%,啤酒酵母5%,α-淀粉18%,牛肝粉5%,膨化大豆7%,玉米蛋白2%,酶解蛋白3%,香味黏合剂2%,复合微量元素预混剂0.5%,多维预混剂0.5%。

配方三:白鱼粉51%,牛肝粉5%,α-淀粉15%,蛋白淀粉8%,玉米蛋白5%,血球蛋白2.2%,酶解蛋白5%,啤酒酵母6%,多维预混剂1%,磷酸二氢钙0.8%,复合微量元素预混剂1%。

**3. 成鳖配方**

配方一:白鱼粉60%,牛肝粉5%,啤酒酵母5%,香味黏合剂2%,α-淀粉18%,膨化大豆5%,玉米蛋白3%,复合微量元素预混剂1%,多维预混剂1%。

配方二:白鱼粉49%,牛肝粉5%,啤酒酵母4%,α-淀粉18%,牛肝粉5%,血球蛋白3%,膨化大豆5%,玉米蛋白5%,酶解蛋白3%,香味黏合剂2%,复合微量元素预混剂0.5%,多维预混剂0.5%。

配方三：白鱼粉51%，牛肝粉5%，α-淀粉15%，蛋白淀粉8%，玉米蛋白5%，血球蛋白2.2%，酶解蛋白5%，啤酒酵母6%，多维预混剂1%，磷酸二氢钙0.8%，复合微量元素预混剂1%。

**(二)机制配合膨化料配方**

**1. 鳖苗配方** 白鱼粉65%，啤酒酵母5%，α-淀粉10%，牛肝粉2%，玉米粉10%，小麦粉7%，复合微量元素预混剂0.5%，多维预混剂0.5%。

**2. 鳖种配方** 白鱼粉60%，啤酒酵母5%，α-淀粉10%，膨化大豆6%，玉米粉10%，小麦粉8%，多维预混剂0.5%，复合微量元素预混剂0.5%。

**3. 成鳖配方** 白鱼粉60%，啤酒酵母5%，α-淀粉10%，膨化大豆2%，玉米粉10%，小麦粉7%，肉骨粉4%，复合微量元素预混剂1%，多维预混剂1%。

## 二、机制配合饲料的制作

**(一)机制配合粉料的制作** 粉状饲料的加工关系到饲料的黏弹性、适口性和散失率，而这些性状的优劣直接影响饲料的利用率和养殖效果，所以配合时不但要选好原料，也应重视制作工艺。

**1. 工艺流程**

备齐原料→原料清理→原料配合→第一次混合→超微粉碎→细度过筛→加入添加剂→第二次混合→再过筛→包装→仓储

有些添加剂已经过超微粉碎加工，所以可不再进行再过筛处理，而在第二次混合后直接包装。

**2. 粉碎工艺** 是制作机制配合粉料的关键工艺，其不但影响机制配合粉料的质量，也会影响加工产量、耗能和加工成本，所以要保证粉碎工艺的高质量。这不但要求操作工人要有娴熟的技术和责任心，粉碎机器的选择也很重要。加工鳖饲料的粉碎机必须达到以下几点要求。

第一，粉碎饲料的细度可根据需要灵活调节，适应性好。

第二，粉碎后的粉料细度均匀，并且不会产生高热。

第三，物料进出连续方便，不会产生断续现象。

第四，加工的单位耗能（吨耗）低。

第五，加工部件标准化程度高，耐磨损，更换方便，购置便利。

第六，有精密的去异装置，如磁铁等；有完备的安全室，以免发生事故。

第七，加工时粉尘少，噪声不超过环保标准的要求。

第八，应选择质量好、售后服务好的品牌机组。

在整个粉碎工艺中，除了选择性能好的机组外，在加工过程中还有两个关键指标非常重要。一是粉碎物料的温度。由于鳖饲料要求的粒度很细，所以在加工过程中必然会引起物料升温。一般加工前后物料的温度会相差很多，但应控制在以不超过 15℃为好。若温度过高，会严重影响产品的贮存和成品饲料的黏弹性，从而影响饲料的养殖效果。二是粉碎物料的水分损失。如水分损失过大，同样也会严重影响饲料的成品率和经济效益，所以在加工过程中水分的损失应不超过2%。

在粉碎加工工艺中，为了提高粉碎效果，应严格做好以下几个关键性措施。

一是控制被粉碎物料的含水量和纤维量。一般情况下，原料含水量和纤维量越多，则物料的韧性越强，这样在粉碎过程中因易产生塑性变形而加大加工难度，使粉碎效果和效率下降，能耗也相应增加。此外，原料中水分过高，则粉碎室内的湿度过大，原料易黏结于筛片堵塞筛孔，降低有效筛的面积，严重影响生产。研究表明，当原料的水分增加3%时，粉碎加工的产量就下降10%；当原料水分增加5%时，产量下降达15%。所以，进入粉碎机的原料水分必须控制在13%以内。还有豆粕等原料的粗纤维含量较高，也会影响粉碎效果，应控制数量。

二是控制进料量。饲料原料进入加工料斗的操作，一般都由人工进行，而人工进料或重力自动落料通常很难保证进入量的稳定，所以粉碎机进料量控制的关键在于能够随时根据负荷变化调整进入量，使粉碎机工作电流接近额定工作电流，这样就能有效提高粉碎效率。

三是确定适宜的粉碎机筛片孔径。粉碎机筛片孔径的使用是否合适，不但影响加工效率，也是影响饲料质量和加工成本的关键因素之一。据试验表明，在粉碎同样物料而使用不同孔径的筛片后产量相差几倍，所以在选用粉碎机筛片孔径时，在满足粒度要求的同时尽可能采用较大孔径的筛片或单项二次粉碎工艺。如鳖饲料一般选择孔径在1毫米以内的筛片，这样既可以避免过度粉碎影响质量，又可降低耗能，减少加工成本。

四是选择高质量的粉碎机锤片。粉碎机锤片是粉碎机机组的主要部件之一，锤片的好坏同样会影响加工的质量和成本，一般坚硬耐磨的锤片，粉碎性能好，工作效率高。磨损后的锤片因工作面圆滑会大大降低粉碎质量和效率，特别是有些质量差的锤片还会出现断片飞锤现象，这样极易砸坏粉碎室而发生重大事故。所以，一定要选用质量好的高强度耐磨锤片,并在工作中及时调换和校正,以保证锤片的工作效率和生产安全。

五是设置粉碎机吸风系统。为了避免在粉碎机工作时,粉碎室内形成的环流层削弱锤片对物料的粉碎能力,促进粉碎室的负压气流阻止环流层的运动,加快粉碎物料及时排出粉碎室,并降低粉碎室的湿度和温度,改善粉碎工作条件,提高粉碎机工作效率,可设置粉碎机的吸风系统,这种设施一般的配套机械厂都有销售,但在使用过程中应注意对设施的维护和保养。吸风系统的设置一般按单位时间通过粉碎机筛片单位面积的流量来计算。

**3. 混合工艺** 是指在外力作用下,各种物料相互混合后使每种原料均匀分布的过程。混合工艺是保证鳖饲料质量的又一重要环节。混合一般有两次:第一次是预混合,是粉碎时对各种大体积原料的粗搅拌;第二次是细混合,是各种原料按配方要求进行充分拌和。要使饲料的混合效果好、效率高,对混合机器的要求一定要严格。一般要达到以下几点要求。

第一,混合性能好。对各种物料的混合均匀度要高,无死角,物料残留量少。

第二,混合速度快。要求混合时间要短,速度要快,生产效率要高,并与机组生产率配套。

第三,操作简单。结构简单,紧凑牢固,操作方便,便于检测抽样和清理。

第四,动力配套。机器要有足够的配套动力,以便能在全荷载情况下进行加工,并要求节约能耗。

我国目前使用的饲料混合机有多种,如卧式螺旋混合机、立式螺旋混合机、立式锥形双螺旋混合机。生产鳖饲料一般采用卧式螺旋混合机。混合机在使用过程中应特别注意以下几点事项。

一是物料充满系数。物料充满系数是指混合的各种物料在混合仓内的充满程度。分批卧式螺旋混合机装料的充满系数以 0.7 为宜,若超过该系数则混合不均,低于该系数则降低效率。

二是混合时间。物料的混合时间很重要,因为时间太短混合不充分,混合质量就难保证;时间太长,物料过度混合反而会造成物料分离,这样不但影响质量还会增加能耗,造成浪费。根据笔者多年的实践经验,采用卧式螺旋混合机混合鳖饲料以 4 分钟为宜。

三是加料顺序。首先,各种添加剂应事先稀释预混。然后将量大的先加入,再把量少的和微量的放在上面即可。在各种物料中粒径大的先加入,粒径小的后加入;物料比重大的先加入,比重小的后加入。

四是避免分离。混合时力求各种粒度接近,尽量避免分离、粗细不匀。混合后不要用螺旋和斗力提升输送。

在饲料的混合工艺中,以下两个指标非常重要。一是混合均匀度,是指饲料混合后各种成分在整体中的均匀分布程度,即在混合物中任何单位容积内所含多种成分的粒子数与其平均含量的接近程度。二是残留率,是指物料混合排出混合仓后还残留在仓内的物料质量与混合机额定批次混合质量的百分比。混合机的残留对混合的均匀度不会造成影响,但对不同批次及不同生产品种之间的相互污染影响很大,特别是不同添加剂的相互污染更易造成不良后果。所以,额定批次的残留率应控制在 1‰以内。

**(二)机制配合颗粒饲料的制作**　机制配合颗粒饲料是指全部用机器制作的硬颗粒饲料,其制作工艺除了制粒工艺外,其他与机制粉料差不多。

**1. 工艺流程**

备齐原料→原料清理→原料配合→第一次混合→超微粉碎→细度过筛→加入添加剂→第二次混合→制粒→烘干(晾干)→再筛选→包装→仓储

**2. 制粒工艺** 机制配合颗粒饲料的制粒工艺是颗粒饲料质量优劣的关键,而制作好颗粒必须确保以下几个环节的工作。

(1)制粒机 制作鳖颗粒饲料的机器目前有两种类型:一种是小型的平模压粒机,适合农家应用,但因有些农村经常停电,而且机器价格也较贵,所以很多养殖户都不再自己制作颗粒饲料。另一种是较大型的环模制粒机,适合专业饲料生产厂家,因其机器性能和生产效率较高,所以一般厂家都选用这种类型的机器。这种制粒机的主要工作部件是环模和压辊,在制粒过程中,物料在环模和压辊的强制挤压下通过环模的小孔,所以环模应具有较好的强度和耐磨性。

(2)前置调质处理 是在制粒前对粉状物料进行加温、加湿处理。其主要作用有以下几点:一是可提高生产效率,降低生产成本。因饱和蒸汽在制粒过程中有软化润滑作用,这样能减少对制粒机传动结构及环模、压辊的磨损,同时还能降低电耗。二是可提高饲料利用率。一般通过水和热的处理,能促进淀粉的胶凝和纤状纤维的黏结,使饲料中的部分淀粉充分糊化,提高熟化程度,从而改善适口性和消化吸收率。三是可杀灭有害病原体,减少抑制性消化因子和抗营养因子,有利于鳖的健康及产品贮存。

物料的前置调质是通过一个有隔套的调质筒来完成的。物料进入调质筒后通入饱和蒸汽使物料加温、加湿,并进行充分的搅拌和吸收来完成调质过程。

(3)制粒技术　在制作过程中，操作人员一定要进行技术培训，严格按照操作规范进行，这样既可使机器进行正常工作，也能保证产品质量。影响制粒性能的主要因素包括以下几方面。

一是原料因素。原料的成分不同，制粒的效果就不同。如淀粉含量高则成形好，粗纤维含量高则成形差。原料的粉碎细度好则易制粒，但耗蒸汽多且易堵塞机器；粉碎细度粗则制粒成形差，含粉率高。原料混合时间应保证混合均匀度变异系数达到5%。

二是进料流量控制因素。要注意进料不可时断时续，特别应注意不要给制粒机超量进料，否则会引起机器故障。进料结构应配备缓冲仓和无级调速进料器来帮助控制进料量。

三是蒸汽质量因素。用蒸汽制粒能提高制粒产量和改善颗粒品质(蒸汽制粒能起到杀菌和糊化作用)。蒸汽还是调节水分和淀粉糊化的热源。蒸汽管道设计时既要考虑保证蒸汽压力和流量，又要防止管道中的冷凝水进入调节器，所以气包应尽量靠近制粒机。蒸汽压力以0.2～0.4兆帕为宜，过低起不到调节作用，过高易使物料温度过高、水分降低。蒸汽压力始终要稳定。波动应小于0.05兆帕。调节水分应为15%～16%，高于16%制出的颗粒水分高不易保存，低于15%则颗粒耐碎性能差。

四是维护操作因素。正确检测压辊与环模的间隙，调节好刮刀的位置。遵守开机程序，密切注意制粒机、调节器、进料器的状态，观察工作电流的波动幅度，发现问题及时处理。初下料时应注意不要马上加蒸汽，等有一定量时再加。制粒机停机前必须把油性物料替代物填进压模内，以防止模孔里的物料变硬堵塞环模，便于下次开机顺利出粒。操作员必须高度负责并技术过硬，以确保制粒机正常生产。

(4)后置熟化调质　经过前置熟化的物料经过制粒后成为颗粒，颗粒表面与孔壁摩擦会产生微裂纹，这样的颗粒在水中容易溃散糊化，所以必须经过后期熟化。鳖颗粒饲料的后期熟化一般采用焖熟化，从而使颗粒表面与孔壁摩擦产生的微裂纹再次糊合，在其表面形成保护膜，并使颗粒内部产生有利于鳖消化吸收的生化反应。颗粒保护膜形成后颗粒的水溶性差，不易在水中散失，从而起到减少浪费的作用。在熟化过程中，温度应控制在100℃～110℃，熟化时间为5～12分钟。

(5)干燥冷却　颗粒饲料熟化调质后就应充分干燥冷却，否则颗粒内部的水分会转移到颗粒表面，这样会引起颗粒饲料发霉变质。一般要求饲料在制粒前和制粒后的温差应不超过0.5℃，而干燥冷却后的颗粒饲料水分应小于11%。

**(三)机制膨化饲料的制作**

**1. 工艺流程**　为了保证产品的加工质量，目前多采用间段式生产工艺。

第一段：

原料→清选→配料→混合→微粉碎→混合(加入添加剂)

第二段：

膨化→冷却干燥→成品计量→打包→成品检验→成品出厂

**2. 膨化技术**　在制作膨化饲料的过程中，主要应掌握以下几个技术关键。

(1)饲料的粉碎粒度　一是饲料的粉碎粒度越细，越有利于促进鳖对饲料营养的消化吸收，提高饲料利用率。二是饲料的粉碎粒度越细则经膨化后的饲料颗粒表面越光滑，这样的饲料外观较好，黏结效果也好，不容易吸水，可延长漂浮时间。因此，在进行第二段的粉碎膨化工艺前，物料的粉碎细度要求100%通过80目筛。

(2)饲料的水分　膨化工艺中影响膨化质量的主要因素之一是饲料中的含水量。通过试验表明，当饲料中含水量低于25%，则在膨化过程中，温度会逐渐上升，而通过提高饲料的含水量就可以把上升的温度降下来。但如果饲料中含水量高于30%，则饲料成形率很差，均呈薄片状。

(3)膨化温度、压力、转速和饲料中的淀粉含量　在制作过程中设备确定后，压力、转速一般是固定的，所以膨化质量主要取决于饲料的含水量、温度和淀粉含量，而这三个因素均可人为调节。经试验，膨化一般能降低10%左右的含水量，所以膨化后的饲料水分一般在15%左右，必须通过干燥冷却，才能把水分降至10%左右，从而延长保质期。

在实际加工过程中碰到的最大问题就是膨化不充分，饲料的漂浮率很低(3小时低于50%)，其原因一是膨化物料中淀粉的含量低于20%，二是饲料中含水量低于25%或高于30%，三是膨化温度低于120℃或高于150℃。解决的办法是把膨化温度控制在120℃～140℃，饲料中的淀粉含量提高到20%以上，只有这样才能保证膨化料的漂浮率(3小时)在90%以上。

**3. 添加工艺**　考虑维生素在膨化时的损失，在膨化前，饲料中应加入一定量的抗氧化剂。

**4. 制粒工艺**　膨化饲料的最终成品是有浮力的颗粒饲料，所以制粒工艺也很重要，主要是根据鳖的适口性需要调节粒径的大小。

## 三、机制配合饲料的贮存

机制配合饲料生产后最好马上投喂，不过夜、不贮存，但在实际工作中这几乎是不可能的。所以，无论是饲料生产企业还是养殖企业贮存一定数量的产品在所难免。贮存的条件和方法直接影响饲料的质量与损耗，所以贮存技术显得非常重要。

**（一）机制配合饲料的贮存条件** 主要有以下几点：一是卫生条件，如仓库的封闭性、通气性、温度、湿度、光照等。二是安全条件，如是否有老鼠、蚂蚁等偷食等。三是生化条件，如有无病虫害和化学污染等。总之，凡贮存鳖饲料的仓库不能有任何病虫害和有害污染源，并要求仓库要低温、通风。

**（二）机制配合饲料的贮存时间** 机制配合饲料在贮存时会随着贮存时间的延长而发生变化，如饲料中的碳水化合物会随贮存时间的延长而含量减少。一般饲料中蛋白质的总含量不会因时间的延长而起很大的变化，但游离氨基酸会随着时间的延长而增加，使饲料酸价提高，酸败危害性加大。同时，蛋白质的生物价值也会随之降低。贮存时间过长造成维生素的损失是最为严重的，这也是投喂不新鲜的饲料会出现某种维生素缺乏症的主要原因。所以，机制配合饲料的贮存时间应越短越好。

**（三）饲料中的水分含量对贮存的影响** 一般当机制配合饲料中的水分含量超过13%时，在贮存时就极易发生营养流失与腐败变质，所以在雨水较多的江南地区，一定要注意梅雨季节饲料的贮存。

**（四）饲料贮存中应注意防霉** 饲料贮存的突出问题是防霉，一般最适合霉菌生长的水分含量为12%～22%，温度为

22℃～32℃，空气相对湿度为75％以上。所以，防止饲料霉变应注意以下几点。

第一，严格控制饲料中的水分含量，应把含水量控制在10％以内。

第二，饲料包装袋应选用透气的牛皮纸复合袋。

第三，在加工过程中严格控制包装前的饲料温度，贮存室温一般要保持在5℃～10℃。

## 四、养殖户自配饲料的配方与制作

一些地方自然资源丰富，如果养殖规模不大，可根据本地的饲料资源状况自行配制养鳖饲料。为此，笔者提供几个配方供养殖户在配制时参考。

### （一）繁殖阶段的饲料配方与制作

**1. 机制配合饲料和天然饲料相结合的配方与制作** 机制配合饲料和天然饲料相结合就是用市售机制配合饲料与本地天然饲料相结合的配方，这样不但可大大降低饲料成本，也可提高饲料的适口性。

（1）*初购野生鳖驯养的饲料配方* 机制成鳖饲料50％（要求粗蛋白质达45％），鲜活动物性饲料40％（其中鸡蛋为5％），葡萄糖粉1％，维生素E-硒粉0.2％，骨粉1％，鲜嫩植物性饲料7％，防病中药粉0.8％。

（2）*亲鳖产前的饲料配方* 机制成鳖饲料65％（粗蛋白质含量达45％），鲜活动物性饲料25％（其中猪肝10％），鲜嫩植物性饲料8％，防病中药粉1％，骨粉1％。

（3）*亲鳖产中饲料配方* 机制成鳖饲料60％（粗蛋白质含量达45％），鲜活动物性饲料30％（其中猪肝10％），鲜嫩植物性饲料8％，防病中药粉1％，骨粉1％。

(4)亲鳖产后饲料配方　机制成鳖饲料 62%，全脂奶粉 5%，鲜活动物性饲料 20%，骨粉 1%，鲜嫩植物性饲料 10%，防病中药粉 2%。

上述配方中的防病中药粉每月添加 10 天，不添加时可用机制成鳖饲料补足。

上述饲料配制时，先把各种饲料按比例称重，然后用搅拌机充分拌匀，再用颗粒机制成颗粒投喂（鲜嫩植物性饲料和鲜活动物性饲料要打成浆或糜再与其他饲料混合）。

**2. 完全自配饲料的配方与制作**　完全自配饲料就是完全由本地自然饲料资源或能购买到的饲料原料配制成可直接投喂的鳖饲料。

(1)亲鳖产前饲料配方　鲜活动物性饲料（鱼、蚌、螺、虫等，下同）50%，小麦粉 25%，膨化大豆 10%，谷朊 5%，玉米蛋白 5%，肉骨粉 1%，菜籽油 2%，复合微量元素添加剂 1%，多维预混剂 1%。

(2)亲鳖产中饲料配方　鲜活动物性饲料 55%（其中鲜鸡蛋 10%），小麦粉 20%，膨化大豆 10%，谷朊 5%，玉米蛋白 6%，菜籽油 2%，复合微量元素添加剂 1%，多维预混剂 1%。

(3)亲鳖产后饲料配方　鲜活动物性饲料 50%（其中鲜鸡蛋 10%，全脂奶粉 2%），小麦粉 20%，膨化大豆 15%，谷朊 5%，玉米蛋白 5%，菜籽油 3%，复合微量元素添加剂 1%，多维预混剂 1%。

配制上述饲料时，先将配方中的饲料逐一按比例要求称重，再把单样或多样的动物性饲料混合打成浆或糜，然后与其他粉状饲料、添加剂及植物油一起充分拌匀，并将其捏成团状投喂。

## (二)苗种阶段的饲料配方与制作

### 1. 机制配合饲料与天然饲料相结合的配方与制作

(1)鳖苗阶段饲料配方　机制鳖苗饲料70%(粗蛋白质含量达47%),鲜活动物性饲料20%(其中鸭蛋5%),鲜嫩植物性饲料8%,鱼油1%,全脂奶粉1%。

(2)鳖种阶段饲料配方　机制鳖种饲料66%,鲜活动物性饲料20%(其中鸭蛋5%),鲜嫩植物性饲料10%(其中苹果2%),鱼油2%,骨粉1%,防病中药粉1%。

配制时,先把各种饲料按比例称重,然后用搅拌机充分拌匀,再用颗粒机制成颗粒投喂(鲜嫩植物性饲料和鲜活动物性饲料要打成浆或糜再和其他饲料混合)。

### 2. 完全自配饲料配方与制作

(1)鳖苗阶段饲料配方　鲜活动物性饲料60%,小麦粉15%,膨化大豆10%,谷朊5%,玉米蛋白5%,肉骨粉1%,菜籽油2%,复合微量元素添加剂1%,多维预混剂1%。

(2)鳖种阶段饲料配方　鲜活动物性饲料60%,小麦粉15%,膨化大豆10%,谷朊5%,玉米蛋白5%,肉骨粉1%,菜籽油2%,复合微量元素添加剂1%,多维预混剂1%。

配制时,先把上述各配方中的饲料逐一按比例要求称重,再把单样或多样的动物性饲料混合打成浆或糜,然后与其他粉状饲料、添加剂及植物油一起充分拌匀,并将其捏成团状投喂。

## (三)养成阶段的饲料配方与制作

### 1. 机制配合饲料与天然饲料相结合的配方与制作

(1)配方一　机制成鳖饲料75%,鲜活动物性饲料13%,鲜嫩植物性饲料8%(其中胡萝卜4%),骨粉1%,鱼油2%,防病中药粉1%。

(2)配方二　机制成鳖饲料70%,鲜活动物性饲料15%,

鲜嫩植物性饲料10%(其中胡萝卜4%),骨粉2%,鱼油2%,防病中药粉1%。

配制时,先把各种饲料按比例称重,然后用搅拌机充分拌匀,再用颗粒机制成颗粒投喂(鲜嫩植物性饲料和鲜活动物性饲料要打成浆或糜再和其他饲料混合,胡萝卜要煮熟后再用)。

**2. 完全自配饲料配方与制作**

(1)配方一　鲜活动物性饲料50%,小麦粉20%,膨化大豆15%,谷朊5%,玉米蛋白5%,菜籽油3%,复合微量元素添加剂1%,多维预混剂1%。

(2)配方二　鲜活动物性饲料50%,小麦粉15%,膨化大豆15%,谷朊5%,玉米蛋白5%,骨粉5%,菜籽油3%,复合微量元素添加剂1%,多维预混剂1%。

配制时,先将各配方中的饲料逐一按比例要求称重,再把单样或多样的动物性饲料混合打成浆或糜,然后与其他粉状饲料、添加剂及植物油一起充分拌匀,并将其捏成团状投喂。

## 第四节　鳖饲料的科学投喂

由于饲料投喂不但关系到鳖的生长和质量,也会影响到养殖成本和经济效益,所以鳖饲料的科学投喂已成为养殖生产的关键之一。

### 一、投喂的基本要求

**(一)摄食方便**　为了使鳖摄食方便,投喂应考虑以下几个因素:一是减少干扰,一般投喂点要没有蛇、鸟、老鼠、狗等敌害出现,还有不能经常有人出没和走动以及车辆行驶。二是环境比较稳定,如水温适宜,无大风大浪等。三是让鳖能很快找到饲料,一般投喂点一定要隐蔽,离鳖经常栖息的地点要近，环境要安静。因此，在温室里最好在过道边的池墙内侧紧贴水面处投喂，而在野外则可搭建投喂小棚或小屋，这样既无干扰又能让鳖很快找到饲料。

**（二）饲料散失少** 鳖的人工配合饲料是目前养殖动物饲料中价格最昂贵的饲料之一，所以一旦造成浪费，不但会增加养殖成本，散失到水中的饲料还会败坏水生环境，严重影响养殖产量和质量。近年来，因饲料散失到水中引起水体恶化后造成大批疾病发生的例子不少，所以控制饲料的损失浪费是科学投喂的基本要求。而要控制散失浪费，必须在投喂设施和技术上加以革新和改进。如野外养殖尽量不在露天投喂，避免受到环境的影响，而室内养殖因室温和水温都较高，则不应在水下投喂等。

**（三）能收回剩余饲料** 由于当餐投喂量一般不能做到百分之百的准确，投喂的饲料出现剩余在所难免，因此剩余饲料的回收显得极为重要。剩余饲料回收后不但能应用到其他养殖动物，而且还避免了其对水体环境的负面作用，所以科学投喂一定要考虑能否有效回收剩余饲料。一般水下投喂很难做到这一点，因此应尽量避免水下投喂，采用科学的水上投喂方式。

## 二、投喂方式

下面介绍不同条件下不同饲料的投喂方式，供养殖企业根据自己的特定条件参考应用。

**（一）水下投喂法** 把饲料投到水面以下的投喂方法叫做水下投喂，目前水下投喂有以下几种方法。

**1. 水底投喂法** 即在靠池塘岸边的养殖池底铺上水泥或水泥瓦等作为食台，投喂时把饲料直接投到水中。这种投喂法适合野外养殖池中投喂不易散失的动物性饲料，为了检查摄食情况，可在池底吊一小方筐，投喂时在筐中也放上饲料，一定时间后吊起饲料筐检查是否吃净(图 4-1)。

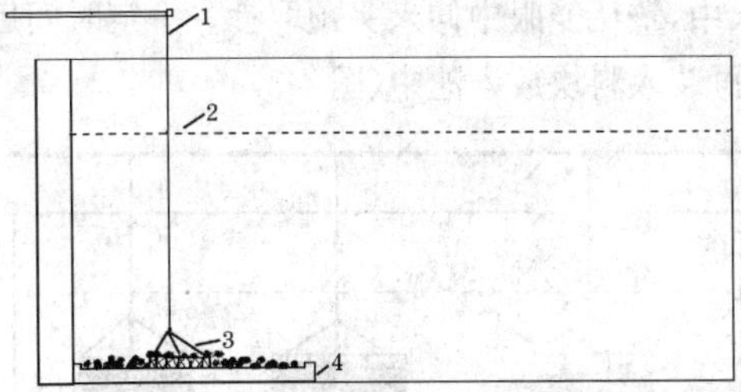


**图 4-1　水底投喂法示意**

1. 吊筐绳　2. 水位线　3. 饲料筐　4. 食台

**2. 水中料台投喂法**　这种方法是把食台搭在水中，并根据不同养殖阶段调整在水下的位置(图 4-2)。目前浙江省的封闭式温室养鳖都采用此法。这种方法的优点是鳖在水中摄食，一般不受环境的干扰。缺点是投喂配合的软颗粒饲料时，一些规格大的鳖要到食台中爬行，这样会把饲料搅散、搅碎，相对浪费较多，并极易败坏水质。

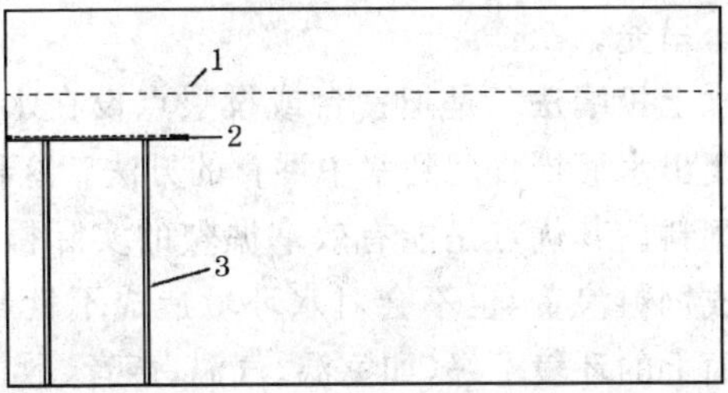


**图 4-2　水中料台投喂法示意**

1. 水位线　2. 食台　3. 食台支柱

**3. 水中吊笼投喂法**　这种方法是把饲料捏制成团块装在一个竹制的笼里(制笼的竹筋较光滑,也可用塑料绳编制),然后用绳吊入水中,鳖从笼眼中伸入头颈取食。一定时间后把吊笼提出,投喂时再装入料块放入池中(图 4-3)。

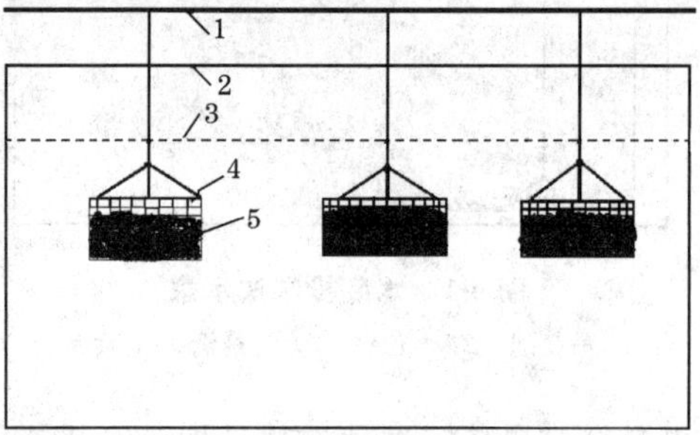


**图 4-3　水中吊笼投喂法示意**

1. 系绳梁　2. 池墙　3. 水位线　4. 吊笼　5. 饲料

这种方法一般适合温室或采光大棚养殖模式,其优点是鳖在池水中摄食不受外界干扰,一般鳖也无法钻到笼里搅散饲料。缺点是操作较麻烦,而且吊笼装饲料较少,一个池往往需要好几个吊笼。

**(二)水上投喂法**　是把食台或投喂点设在水面上,投喂饲料后鳖爬出水面摄食后到水中吞食的方法。这种方法适合投喂各种饲料。其优点是能有效掌握鳖的实际摄食情况,一般不会造成饲料浪费,也不会对水环境造成不良影响。缺点是如果水面上的环境不好(如室温、气温、声音、敌害等),就会影响鳖的摄食。所以,水上投喂必须给鳖创造一个良好的摄食环境,如防风雨日晒、防干扰、防敌害等。目前水上投喂的方法有以下几种。

**1. 房式水上投喂法**　本法一般适用于野外养殖池塘。即在池塘中间或池边搭建一个投喂房,投喂房四周有鳖通往房内的通道,通道口在房内的水中(图 4-4)。为了避免鳖将身上的水带入饲料房把饲料打湿,通道的坡长应不少于 80 厘米。投喂房内的地面铺上木板或防水布,投喂时把饲料投撒在其上即可。投好料后把房门关好,这样鳖在摄食时不受外界的任何干扰,到一定时间后去观察,如吃不完可以清理干净,不会造成浪费和影响水环境。缺点是投喂时如饲料房在池中间,就要搭桥或撑船摆渡,相对麻烦些,而且建房投资相对要高一些。

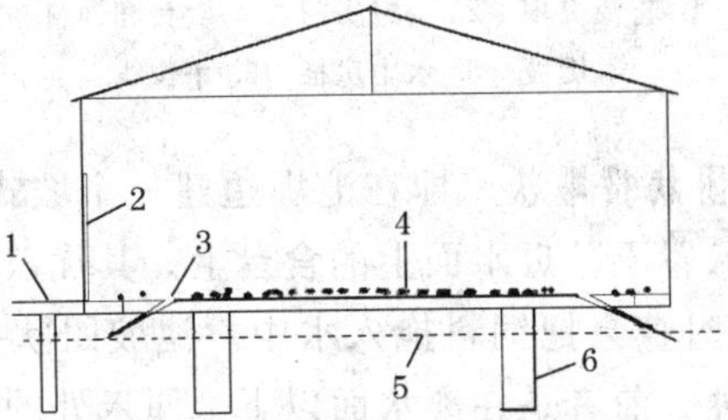


**图 4-4　房式水上投喂法示意**

1. 小桥　2. 房门　3. 通道口　4. 饲料和食台

5. 水位线　6. 水中房柱

还有一种是房式池边投喂台,其基本原理与池中投喂差不多,只是把食台建在池塘边的坡上。其优点是可直接在池边开门投喂,但要求建造时注意池坡的处理,不但要求牢固还要求坡度不可太陡和太高。一般池坡比最好为 1∶4,坡长不超过 1 米(图 4-5)。

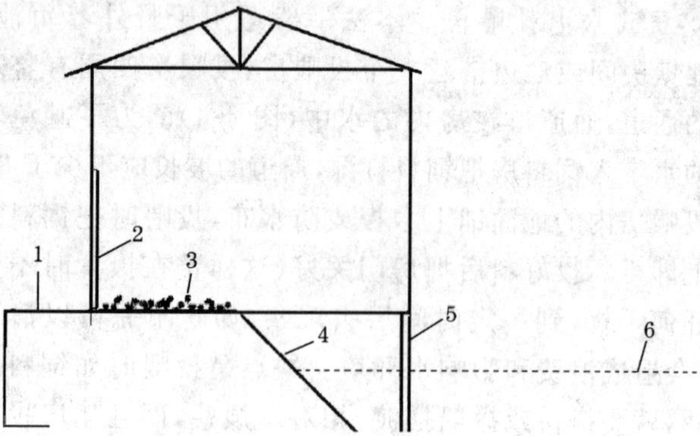


**图 4-5　房式池边投喂台示意**

1. 鳖池堤坝　2. 饲料房门　3. 食台和饲料
4. 堤坡　5. 水中房柱　6. 水位线

**2. 池坡团状投喂法**　即在池堤边建一个坡式的食台，把饲料捏成团状置于贴近水面上的食台上。其优点是鳖摄食方便，缺点是有时鳖会把饲料拖入水中。池坡团状投喂法分室内和室外 2 种。前者是在离水面以下 2 厘米处的栖息台上设一块坡状板(图 4-6)。后者除了要搭好坡状食台外，还应在堤坡和堤顶之间搭一遮风雨的简易棚(图 4-7)。一般投喂时把饲料制成饼状或团状贴在食台上，尽量让鳖咬到饲料后回到水中吞食。所以，坡度宜较缓，投喂时饲料应紧贴水面。

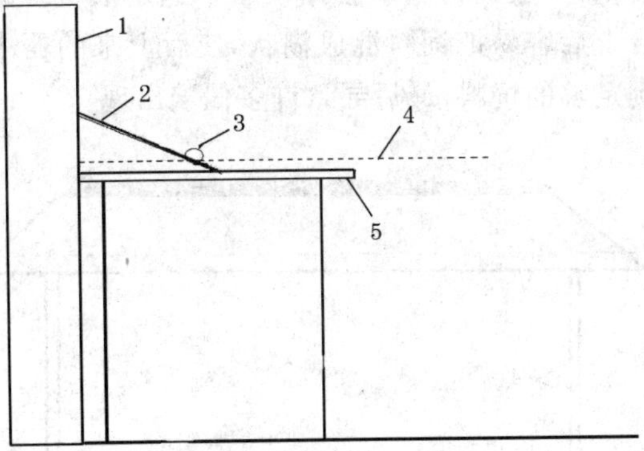


**图 4-6　室内池坡团状投喂法示意**

1. 池墙　2. 食台　3. 饲料团　4. 水位线　5. 栖息台

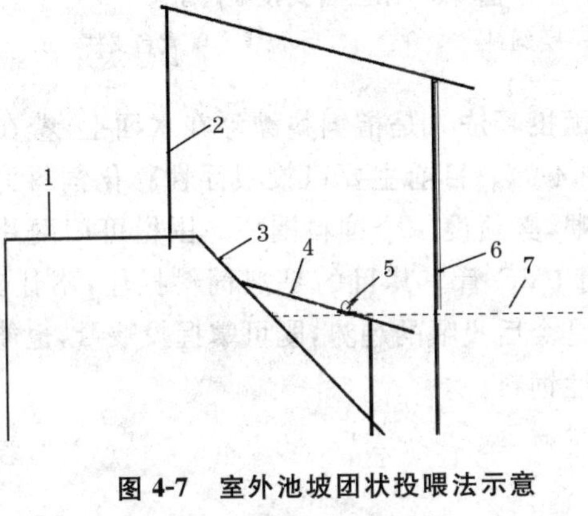


**图 4-7　室外池坡团状投喂法示意**

1. 堤坝顶　2. 棚架支柱　3. 堤坡　4. 食台

5. 饲料团　6. 遮拦布　7. 水位线

**3. 水上台式投喂法**　是把食台搭在池边，鳖爬到食台上摄食(图 4-8)。这种方法的优点是鳖在食台上摄食比较容易掌握摄食量，一般饲料也不会掉入水中造成浪费。缺点是鳖爬到食台上后容易把饲料混成糊状，使后上来的弱小个体往往吃不到足够的饲料，最后导致许多僵鳖出现。

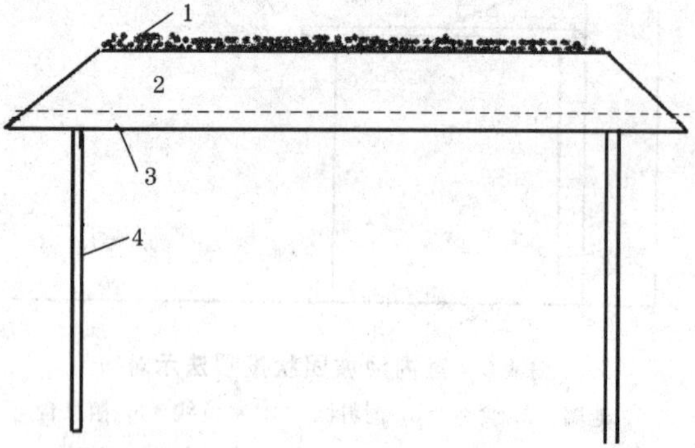


**图 4-8　水上台式投喂法示意**

1. 饲料　2. 食台　3. 水位线　4. 食台支柱

**(三)水面投喂法**　是指饲料漂浮在水面上，鳖在水中摄食的方法(图 4-9)。目前主要以投喂浮性膨化饲料为主。用这种方法投喂，必须设一个饲料围栏。围栏可用网片或竹竿搭建，也可用 PVC 管。其目的是把饲料拦住，不让其漂散。这种方法也是今后投喂的趋势，既可掌握投喂量，也能有效捞出剩余的浮性饲料。

**图 4-9　水面投喂法示意**

1. 固定支柱　2. 围栏　3. 栏内饲料

**(四)最新投喂法**　这是笔者新发明的两种方法，即室内软颗粒饲料栅笼投喂法和室外软颗粒饲料栏栅投喂法。这两种方法在水上投喂，能回收剩余饲料，饲料不会掉入水中造成浪费(图 4-10，图 4-11，图 4-12)。

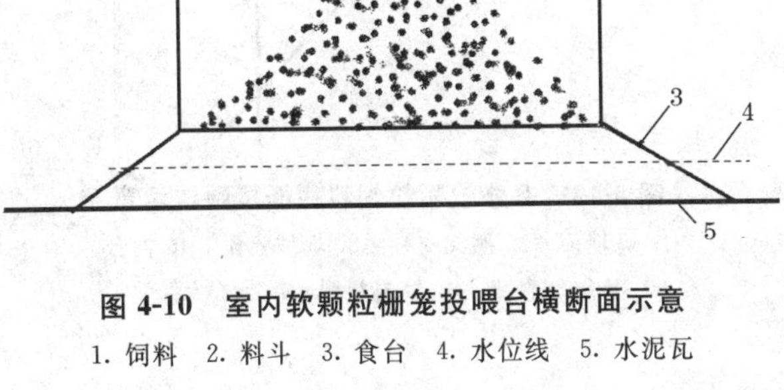


**图 4-10　室内软颗粒栅笼投喂台横断面示意**

1. 饲料　2. 料斗　3. 食台　4. 水位线　5. 水泥瓦

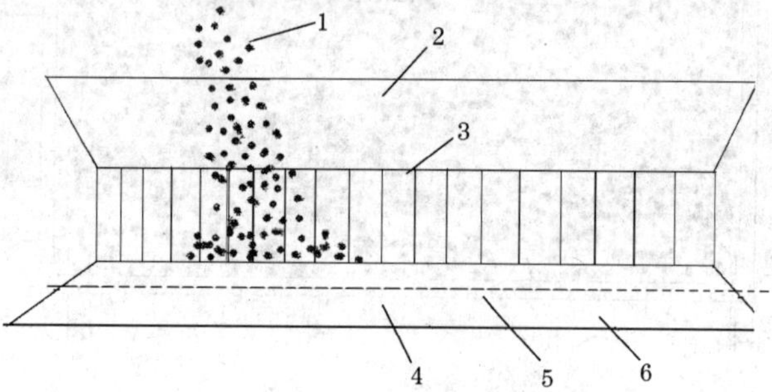


**图 4-11　室内软颗粒饲料栅笼投喂台立面示意**

1. 饲料　2. 料斗　3. 栅笼　4. 食台　5. 水位线　6. 水泥瓦

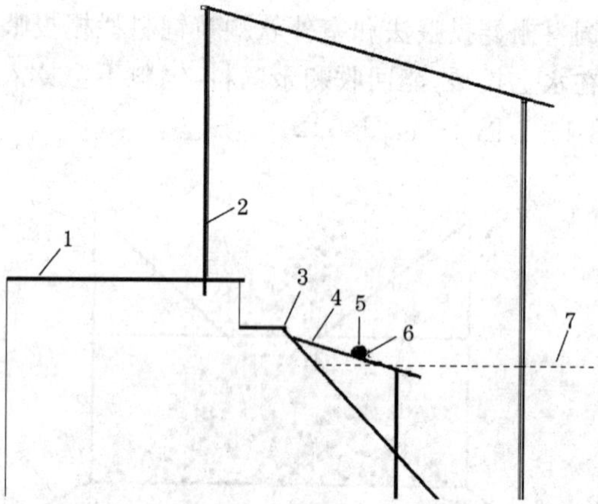


**图 4-12　室外软颗粒饲料栏栅投喂法示意**

1. 堤坝顶　2. 棚架支柱　3. 堤坡台阶　4. 食台

5. 饲料团　6. 饲料栏栅　7. 水位线

# 第五章　龟饲料的合理配制与科学投喂

## 第一节　龟机体的营养组成

龟机体的营养组成主要为蛋白质、脂肪和各种矿物质成分，如是活体则还含有大量水分。龟的品种很多，但其机体营养成分的结构与成分比例大同小异（表 5-1，表 5-2，表 5-3）。

**表 5-1　龟肌肉的主要营养构成　（%）**

| 名　称 | 含　量 | 备　注 |
|---|---|---|
| 水　分 | 75～85 | 测定样本为活体 |
| 蛋白质 | 14～18 | |
| 脂　肪 | 1.6～2 | |
| 矿物质 | 0.92～2.8 | |

**表 5-2　龟肌肉蛋白质中氨基酸的组成　（%）**

| 氨基酸 | 含量 | 氨基酸 | 含量 | 氨基酸 | 含量 |
|---|---|---|---|---|---|
| 天冬氨酸* | 0.006 | 胱氨酸 | 1 | 组氨酸 | 2.8 |
| 苏氨酸 | 4.2 | 缬氨酸 | 4.5 | 精氨酸 | 6.5 |
| 丝氨酸 | 4.2 | 蛋氨酸 | 7 | 酪氨酸 | 4 |
| 谷氨酸* | 3 | 异亮氨酸 | 4.5 | 赖氨酸 | 7.5 |
| 脯氨酸 | 4 | 亮氨酸 | 7.5 | 丙氨酸* | 0.1 |
| 甘氨酸* | 0.1 | 苯丙氨酸 | 4 | 甲硫氨酸 | 3 |

注：* 为鲜味氨基酸

**表 5-3　龟肌肉中矿物质含量**　（毫克/100 克）

| 名　称 | 含　量 | 名　称 | 含　量 |
|---|---|---|---|
| 磷 | 520 | 钙 | 320 |
| 钾 | 300 | 镁 | 30 |
| 铁 | 1.5 | 铜 | 0.006 |
| 锌 | 3 | 锰 | 0.1 |
| 硒 | 0.18 | | |

## 第二节　龟的消化、食性与营养需求

### 一、龟的消化

**（一）龟的消化器官**　龟的消化器官包括口、咽、食管、胃、肠和泄殖腔。其中口腔内有唇腺、腭腺和舌下腺，但这些腺体没有消化食物的作用，只起到对摄入食物的湿润作用。口腔后为咽，是食物和气流通过的地方。咽后的食管较长，食管内壁上皮有角质乳突，乳突头向后，起到阻抑食物逆出的作用。胃位于体腔左侧，胃壁较厚，是食物消化吸收的重要器官。十二指肠与胃逆向并行，小肠迂回盘曲，大、小肠交界处有膨大的与消化植物纤维有关的盲肠。直肠后端的肛门开口于泄殖腔。泄殖腔内还有输尿管口和生殖导管口。泄殖腔以泄殖孔与外界相通。泄殖孔周的括约肌有很强的伸缩功能。泄殖孔外形呈纵裂状或星裂状。

**（二）龟的消化腺**　主要包括肝脏和胰脏。肝脏分左、右两叶，呈褐色。肝脏左叶的背面与胃之间有较短的胃肝韧带相连。肝脏右叶背面接近外侧缘有一个大的绿色胆囊，它借短而粗的胆管连通十二指肠。十二指肠由韧带连接到右肝叶背面中部，韧带内有乳黄色的胰脏。

### 二、龟的食性

龟的食性与鳖差不多，为杂食性。但一般陆栖龟类大多喜食新鲜的植物性饲料。

### 三、龟的营养需求

表5-4是通过多年实践应用后所制定的不同阶段观赏龟的主要营养需求，供参考。

**表5-4 不同规格观赏龟的主要营养需求 （%）**

| 规格 | 粗蛋白质 | 粗脂肪 | 粗纤维 | 粗灰分 | 钙 | 磷 | 赖氨酸 | 蛋氨酸 |
|---|---|---|---|---|---|---|---|---|
| 龟苗 | 43 | 6 | 5.5 | 20 | 4.0 | 1.3 | 1.8 | 0.5 |
| 龟种 | 40 | 5.5 | 5.5 | 20 | 4.0 | 1.3 | 1.6 | 0.45 |
| 成龟 | 38 | 5 | 5.8 | 20 | 4.0 | 1.3 | 1.5 | 0.40 |
| 亲龟 | 38 | 5 | 5 | 20 | 4.0 | 1.3 | 1.7 | 0.47 |

## 第三节 龟饲料的合理配制与科学投喂

### 一、食用龟饲料的配方与制作

目前，龟饲料的工业化制作一般都在饲料厂，但为了降低养殖成本，有条件采购优质原料的养殖户，可参考各种饲料和饲料原料的特性及营养成分，自行配制饲料。最好是利用本地资源结合机制配合饲料投喂，这样既方便又可降低成本，养殖效果也好。为此，介绍一下食用龟饲料的类型、配方与制作，供参考。

**(一)食用龟饲料的类型** 目前,规模养龟场大多采用人工配合机制饲料,其类型也基本采用粉料和膨化颗粒饲料,特别是膨化颗粒饲料,近几年推广比较快。这与龟的生态习性有关,因龟一般情况下都愿意浮在水面上,所以到水面摄食比较方便。目前应用膨化颗粒饲料的地方越来越多,特别是工厂化养龟较发达的地区,几乎都应用了膨化颗粒饲料。由于上述两种饲料类型和制作方法与鳖饲料相同,故不再重复。

**(二)食用龟机制配合粉料配方** 龟的生物学特性与鳖有较大的区别,如龟的背甲和底板都较鳖要厚实,活体称重鳖的甲壳部分重量不超过体重的20%,而龟则占体重的50%以上。这说明龟在生长过程中对钙、磷的需求要比鳖多,所以在拟订配方时应充分考虑到这一点,否则会严重影响龟的生长和繁殖,特别是会影响亲龟的受精率和产卵数量,并容易产出软壳蛋。

**1. 龟苗饲料配方** 白鱼粉55%,啤酒酵母5%,α-淀粉18%,牛肝粉7%,香味黏合剂2%,大豆蛋白12%,复合微量元素预混剂0.5%,多维预混剂0.5%。

**2. 龟种饲料配方** 白鱼粉50%,啤酒酵母5%,α-淀粉18%,香味黏合剂2%,膨化大豆5%,玉米蛋白7%,大豆蛋白12%,多维预混剂0.5%,复合微量元素预混剂0.5%。

**3. 成龟饲料配方** 白鱼粉48%,啤酒酵母5%,香味黏合剂2%,α-淀粉18%,膨化大豆10%,玉米蛋白15%,复合微量元素预混剂1%,多维预混剂1%。

**(三)食用龟机制膨化饲料配方**

**1. 龟苗饲料配方** 白鱼粉55%,啤酒酵母5%,α-淀粉13%,牛肝粉7%,糯米粉5%,玉米蛋白12%,香味黏合剂2%,复合微量元素预混剂0.5%,多维预混剂0.5%。

**2. 龟种饲料配方**　白鱼粉50%，啤酒酵母5%，α-淀粉13%，糯米粉5%，香味黏合剂2%，膨化大豆5%，玉米蛋白19%，多维预混剂0.5%，复合微量元素预混剂0.5%。

**3. 成龟饲料配方**　白鱼粉48%，啤酒酵母5%，香味黏合剂2%，α-淀粉13%，糯米粉5%，膨化大豆10%，玉米蛋白15%，复合微量元素预混剂1%，多维预混剂1%。

**(四)食用龟直接投喂的饲料配方**　即在机制配合粉状饲料的基础上为弥补机制配合饲料的不足，在直接投喂时再与其他饲料相结合的配方。

**1. 亲龟饲料配方**

(1)产前饲料配方　机制成龟饲料66%(含粗蛋白质38%)，鲜活动物性饲料25%(其中猪肝10%)，鲜嫩植物性饲料8%，防病中药粉1%。

(2)产后饲料配方　机制成龟饲料63%，全脂奶粉5%，鲜活动物性饲料20%，鲜嫩植物性饲料10%，防病中药粉2%。

上述配方中的防病中药粉每月添10天，不添加时可用机制成龟饲料补足。

**2. 苗种饲料配方**

(1)龟苗饲料配方　机制龟苗饲料70%(粗蛋白质含量在43%)，鲜活动物性饲料20%(其中鸭蛋5%)，鲜嫩植物性饲料8%，鱼油1%，全脂奶粉1%。

(2)龟种饲料配方　机制龟种饲料67%，鲜活动物性饲料20%(其中鸭蛋5%)，鲜嫩植物性饲料10%(其中苹果2%)，鱼油2%，防病中药粉1%。

(3)成龟饲料配方　机制成龟饲料75%，鲜活动物性饲料13%，鲜嫩植物性饲料8%，鱼油2%，防病中药粉2%。

由于食用龟机制配合饲料的制作设施和工艺与鳖的相

同，故此处不再重复。近年来，食用龟机制膨化饲料的制作成功，已大大推进了龟机制配合饲料的制作进程。

## 二、食用龟的科学投喂

**（一）室内养殖食用龟的科学投喂** 方法有以下三种：一是将机制配合粉料揉制成团状，贴于水面投喂；二是将机制配合粉料制成软颗粒，于水上食台投喂；三是采用机制膨化颗粒饲料于水面上投喂。其中以后两种方法应用较多，现介绍如下。

**1. 软颗粒饲料水上食台投喂法** 将机制配合粉料先制成软颗粒，然后撒到水上食台投喂（图 5-1）。其优点是饲料浪费较少，龟摄食方便，能够回收部分剩料。缺点是因龟在摄食时会爬到食台上，所以仍有部分饲料会被扒到水中或被龟压坏。

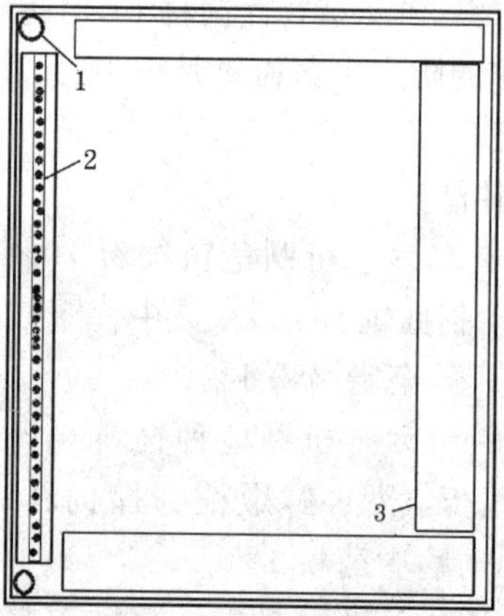


**图 5-1 软颗粒饲料水上食台投喂法示意**

1. 吸污装置 2. 食台 3. 栖息台

**2. 膨化颗粒饲料水面投喂法** 这是目前最好的投喂方法。因膨化颗粒饲料是浮性饲料，所以投喂时只要在池内投喂方便的地方设一个饲料栏即可，而且剩料可以直接捞出，将浪费降至最低(图 5-2)。

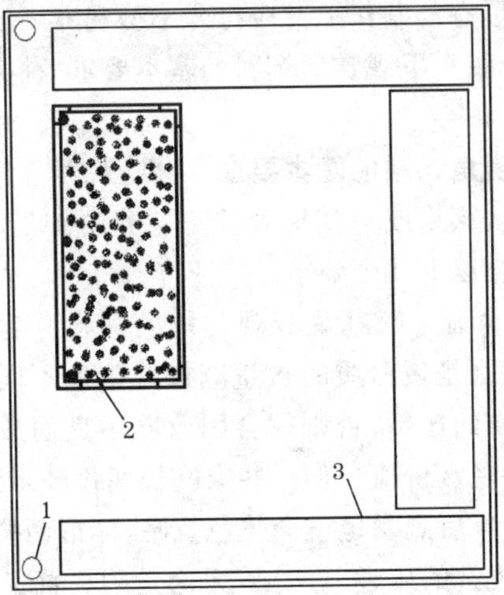


**图 5-2 膨化颗粒饲料水面投喂法示意**

1. 吸污设施 2. 饲料栏 3. 室内栖息台

**(二)室外养殖食用龟的科学投喂** 室外养殖食用龟的投喂目前也有两种方法：一是室外坡式团状投喂法，二是浮性饲料网箱围栏投喂法。具体操作可参考鳖的投喂方法，这里就不再重复。但值得注意的是，有些地方在投喂膨化浮性饲料时采用满池倒的方式。这样做不但饲料易被风吹散或聚堆，影响龟的正常摄食，而且剩料不易收集，可造成严重的浪费。

## 三、观赏龟饲料的制作与科学投喂

由于观赏龟是在家庭观养，一般以观赏为主，所以观赏龟的饲料与其他养殖方式相比有其特殊的要求，除营养要求以外，在品种、形态与制作上都应符合小型观养环境中观养的主题。为此，介绍一下观赏龟饲料的基本要求、种类和科学投喂方法。

**（一）观赏龟饲料的基本要求** 家庭观养观赏龟大多是在面积较小的水族箱或与其他观赏鱼共养的缸里，所以投喂的饲料必须符合以下几个要求。

**1. 营养全面** 家庭观养观赏龟的饲料营养结构一定要合理全面，特别是蛋白质的含量应按观赏龟不同生长阶段的要求达到标准的比例，否则就会因营养不良而成为难看的僵龟，从而失去观赏价值。如一些家庭长期投喂米饭，不给其他任何补充，几年后观赏龟就会体色灰暗，体形消瘦，活动迟缓，大大降低了观赏的乐趣。所以，无论是购买商品饲料还是自行配合饲料，都应掌握各种饲料的营养构成和特性。

**2. 易消化吸收** 家庭观养与庭院和规模养殖观赏龟不一样，因其观养的容器小，龟活动也少，因此投喂的饲料一定要选择易消化吸收的配合膨化颗粒饲料和鲜活饲料。尽量避免投喂单一的植物子实料、冰冻肉块和鱼。

**3. 不影响环境景观** 一些饲料投喂后会影响水色和整个景观，如一些家庭投喂自己简单制作的面料，投喂后龟没吃到反而全糊化到水里，使水变得浑浊，不但影响龟的生长，也影响水环境和观赏的景观。特别是投喂一些带色素的食用点心，对养龟环境的影响最大。

**4. 投喂方便** 家庭观养观赏龟投喂的饲料一定要选择

投喂方便的颗粒饲料、鲜活小鱼或鱼虫。颗粒饲料用手直接轻撒入观养缸中，小鱼和鱼虫则用小捞斗放入水中任其游入水族箱即可。

**(二)观赏龟饲料的种类**

**1. 人工配合饲料** 家庭观养观赏龟的饲料主要以膨化浮性颗粒饲料和沉性硬颗粒饲料为主。这两种商品饲料的优点是营养全面，易消化吸收，投喂较为方便卫生，也便于贮存携带。产品有进口的，也有国产的，通常在城市的花鸟市场都能买到，投喂时可按产品说明书进行。

**2. 鲜活饲料** 家庭观养观赏龟投喂的鲜活饲料有两大类：一是鲜活动物性饲料，主要是指一些鲜活的小杂鱼、小虾、小螺和鱼虫等，它是水栖龟类和半水栖龟类的主要饲料。鲜活动物性饲料的保存比较麻烦，如小鱼、小螺须有鱼缸暂养，小虾和鱼虫须现买现喂。但鲜活动物性饲料在投喂时乐趣较多，一般年纪大的观养人喜欢边喂边观赏，真是其乐无穷。二是鲜嫩植物性饲料，它是陆龟的主要饲料。鲜嫩植物性饲料主要是指一些鲜嫩的瓜、果、菜、草，如苹果、香蕉、菠萝、芹菜、包心菜等。鲜嫩植物性饲料一定要现买现喂，千万不能用腐烂和变质的植物性饲料喂龟。

**(三)观赏龟的科学投喂** 观赏龟的投喂以观养个人的时间和情趣以及饲料种类的不同而各有差异。一般除小盆养观赏龟不用专设食台外，在室内大型观养缸观养水栖龟类时，缸中的食台设置十分讲究，如设置不当，不但会影响观赏，也会影响龟摄食。搭建食台的材料最好是陶瓷品或塑料制品，不可用易腐烂的木制品，并应设在假山或小桥的背面，设置时还应考虑龟摄食方便等。观赏龟在室内的观养投喂以市售的商品饲料和鲜活饲料为主，商品饲料在投喂时可按商品说明书进行。水栖和半水栖龟类应以动物性饲料为主，如鲜鱼虾和鱼虫等，每日投喂 2 次即可。投喂时可用捞斗放饵，千万不要用手到缸中乱搅。一般陆栖龟类以素食为主，所以投喂应以鲜嫩植物性饲料为主，如芹菜、包心菜、南瓜、苹果、香蕉、梨等。喂时把饲料切成小碎块，并用食盘装好放在固定的位置投喂。另外，陆龟还应及时供水以防其脱水患病。无论是何种龟类，投喂量一般以投喂后 30 分钟吃完为度。如当餐吃不完，就应把剩饵清出，以免在观养缸中腐烂。下一餐还应适当减量，千万不要多喂，以免观赏龟多吃多排影响环境和发生肥胖症。

# 参考文献

[1] 王光亚．食物成分表．北京:人民卫生出版社，1992.

[2] 赵春光．鳖饲料的合理配比与投喂技术．淡水渔业,1996(3):36-38.

[3] 王道尊．中华鳖生化组成的分析Ⅰ脂肪成分组成．水生生物学报,1998(1):299-305.

[4] 王道尊．中华鳖生化组成的分析Ⅱ矿物元素成分组成．水生生物学报,1998(2):106-110.

[5] 汤峥嵘．中华鳖生化组成的分析Ⅲ肌肉内氨基酸成分组成．水生生物学报,1998(4):307-313.

[6] 赵春光．人工养鳖的科学投喂．饲料研究,1999(6):31.

[7] 周嗣全．鳖的营养与饲料．北京:科技文献出版社,1999.

[8] 郭笔龙．特种饲料配制技术．杭州:浙江科学技术出版社,2000.

[9] 赵春光．甲鱼饲料优劣辨别新方法．中国水产，2001(3):36.

[10] 赵春光．我国龟鳖饲料的发展与生产(上)．科学养鱼,2004(4):12-13.

[11] 赵春光．我国龟鳖饲料的发展与生产(下)．科学养鱼,2004(5):12-13.